C.H.BECK  WISSEN
in der Beck'schen Reihe
2001

Ohne die Sonne wäre das Leben auf der Erde nicht möglich, schon in frühester Zeit wurde sie in Sonnenkulten verehrt. Nachdem das geozentrische Weltbild durch die Erkenntnis abgelöst war, daß sich die Planeten um die Sonne drehen, schien die Sonne der Mittelpunkt der Welt zu sein. Doch schon bald zeigte sich, daß die Sonne nur ein ganz „normaler" Stern unter Milliarden Sternen ist, in einem Seitenarm der Milchstraße angesiedelt; die selbst wiederum nur eine Galaxie unter unzähligen ist.

Die Sonne ist der einzige Stern, der nahe genug ist, um ihn von der Erde aus als Fläche und nicht bloß als Lichtpunkt wahrzunehmen. Während Erkenntnisse über andere Sterne nur über diese punktförmige Information gewonnen werden können, ist die gesamte Sonnenoberfläche der direkten Beobachtung zugänglich. Somit können Ergebnisse der Sonnenforschung auch ergänzende Aufschlüsse über weit entfernte Fixsterne geben.

In den letzten hundert Jahren ist das Wissen über Aufbau und Energiestrukturen der Sonne immer genauer geworden: Sonnenflecken, Protuberanzen, Magnetfelder und Aktivitätszyklen werden immer besser verstanden. Dabei gibt Wolfgang Mattig nicht nur den heutigen Stand des Wissens über die Sonne wieder, sondern er zeichnet die Erkenntnislinien nach, in deren Verlauf die wissenschaftliche Forschung die Geheimnisse der Sonne entschlüsseln konnte.

Professor Dr. Wolfgang Mattig, geboren 1927, war bis zu seiner Pensionierung Astronomiedirektor am Kiepenheuer-Institut für Sonnenphysik in Freiburg i. Br. und außerplanmäßiger Professor für Astrophysik an der Freiburger Universität. In den wichtigen astronomischen Zeitschriften ist er mit rund hundert Beiträgen vertreten.

Wolfgang Mattig

DIE SONNE

Verlag C. H. Beck

Mit 24 Abbildungen und 4 Tabellen im Text

Die Deutsche Bibliothek – CIP-Einheitsaufnahme

Mattig, Wolfgang:
Die Sonne / Wolfgang Mattig. – Orig.-Ausg. – München :
Beck, 1995
   (Beck'sche Reihe ; 2001 : Wissen)
   ISBN 3 406 39001 3
NE : GT

Originalausgabe
ISBN 3 406 39001 3

Umschlagentwurf von Uwe Göbel, München
© C.H.Beck'sche Verlagsbuchhandlung (Oscar Beck), München 1995
Gesamtherstellung: Presse-Druck- und Verlags-GmbH, Augsburg
Gedruckt auf alterungsbeständigem (säurefreiem),
aus chlorfrei gebleichtem Zellstoff hergestelltem Papier
Printed in Germany

Inhalt

1. Die Stellung der Sonne im Weltall

Tag und Nacht geben den Rhythmus des Lebens an, wenn in kurzen Zeiträumen gedacht wird; Sommer und Winter dagegen lassen erahnen, daß das Leben auf der Erde endlich ist. Nur wenigen Menschen ist es vergönnt, mehr als einhundertmal den Jahreswechsel zu erleben. Das irdische Leben ist von der Sonne geprägt. Wenn die Sonne am Himmel leuchtet, wird selten bewußt, daß ihr Anblick die Möglichkeit bietet, in die Weiten des Universums vorzudringen.

Der tägliche Anblick der Sonne, meist dunstüberzogen, ist wenig spektakulär, der Untergang einer blutroten Sonne am Meereshorizont lockt schon eher Gefühle hervor. Aber erst, wenn in einer klaren, mondlosen Nacht der freie Blick auf die Welt der Sterne möglich wird, wenn der Betrachter das Band der Milchstraße mit seinen unzähligen Sternen auf sich wirken läßt, wird er die Frage stellen nach dem Woher und Wohin.

Wie sind die Menschen mit ihrer Erde und der Sonne in die Welt der Sterne einzuordnen? Ist die Erde das Zentrum der Welt oder kommt die Ahnung auf, wie klein und winzig sich die Erde im Universum ausmacht und welche unbedeutende Rolle Menschen in diesem kosmischen Geschehen spielen?

Geht das Erleben in das Erkennen über, dann läßt sich nachvollziehen, was die Babylonier, Ägypter, Griechen und andere Völker gesehen und wie sie versucht haben, helle Sterne einander zuzuordnen, Sternbilder aufzubauen.

Wird darüber hinaus der Schritt gewagt, die Tiefen des Raumes zu erfassen, gibt schon der bloße Anblick des nächtlichen Himmels erste Informationen über die Struktur der stellaren Umgebung.

a) Am Rande der Milchstraße

Die hellen Sterne sind ziemlich gleichmäßig über die Sphäre verteilt; je schwächer die Sterne werden, je mehr zeigt sich eine Konzentration zur Milchstraße, jenem Helligkeitsband, das sich aus unzähligen Sternen zusammensetzt. Bei der einfachsten Annahme, wonach alle Sterne gleich hell sind, so daß unterschiedlich wahrgenommene Helligkeiten nur darauf beruhen, daß die Sterne unterschiedlich weit entfernt sind, ist zu erkennen, daß alle sichtbaren Sterne sich in ein mehr oder weniger flaches Gebilde anordnen lassen. Das Band der Milchstraße ist auf einem Großkreis zu finden, oder, geometrisch gesehen, der irdische Betrachter befindet sich in der Ebene, die durch das Band der Milchstraße erzeugt wird. Da sich die Helligkeit entlang der Milchstraße nur wenig ändert, kann der Schluß naheliegen, daß das Sonnensystem fast im Mittelpunkt eines flachen Sternsystems angesiedelt ist.

Zu diesem Ergebnis kam gegen Ende des 18. Jahrhunderts Wilhelm Herschel (1738–1822), der als erster versucht hat, den Aufbau der Milchstraße wissenschaftlich zu erforschen. Mit einem Teleskop von 46 cm Öffnung zählte er in vielen, jedoch systematisch ausgesuchten Bereichen die Anzahl der Sterne, die er mit seinem Fernrohr sehen konnte. Unter der Annahme, daß die Sterne im Raume gleichförmig verteilt sind, ergibt sich aus der gezählten Anzahl der Sterne die Ausdehnung des Systems. Je mehr Sterne er zählte, desto weiter konnte er in den Raum vordringen. Das Ergebnis dieser „Sterneichungen" ist in Abbildung 1 dargestellt. Demnach ist die Milchstraße ein abgeflachtes System; das Sonnensystem befindet sich nahezu im Zentrum, ungefähr in der Mitte der Längsachse des Gebildes. Auffällig an dem Herschelschen Bild ist der Einschnitt auf der rechten Seite. Er gibt die Aufteilung der Milchstraße wieder, wie sie auch mit bloßem Auge zu erkennen ist.

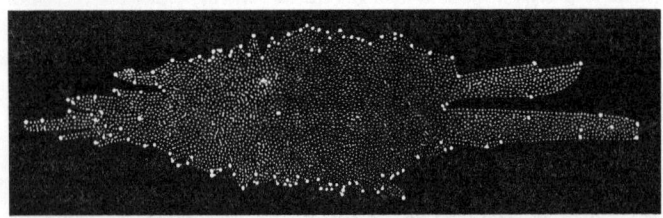

Abb. 1: Das Milchstraßensystem nach Herschels Sterneichungen

Ist damit die kopernikanische Revolution wieder rückgängig gemacht? Befindet sich der Mensch nun doch wieder, diesmal mit Planetensystem und Sonne, im Mittelpunkt der Welt?

Kopernikus hat Mitte des 16. Jahrhunderts sein Werk *De revolutionibus orbium coelestum libri VI* veröffentlicht, das die Lehre verbreitete, die Erde bewege sich um die Sonne. Das geozentrische Weltbild, das Claudius Ptolemäus im 2. Jahrhundert n. Chr. der Nachwelt hinterließ, wurde umgestülpt: Die Sonne, nicht die Erde ist das Zentrum der Welt. Die kopernikanische Lehre wurde durch die von Kepler entdeckten und nach ihm benannten drei Gesetze von 1609 und 1619 geometrisch bestätigt, das Newtonsche Gravitationsgesetz von 1687, das die gegenseitige Anziehung zweier Massen beschreibt, gab die physikalische Begründung.

Die Fixsternwelt blieb von diesem „Umbau" des Weltsystems weitgehend unberührt. Erst die Entdeckung der interstellaren Materie gab Hinweise zur Korrektur der bisherigen Vorstellungen über den Aufbau der Fixsternwelt. Der Raum zwischen den Sternen ist nicht leer. Dunkle und hell leuchtende Materie, Staub und Gas, widersprechen den Vorstellungen eines leeren Raumes zwischen den Sternen.

Die interstellare Materie ist in einer flachen Scheibe in der Ebene des Milchstraßensystems konzentriert, und neben einer gleichförmigen Verteilung gibt es lokale Verdichtungen dunkler und leuchtender Materie. Die Helligkeitsschwankungen im Bande der Milchstraße, die Einbeulung im Herschelschen Bild von der Struktur des Systems sind Folgen der Absorption dunkler Materie. Schon mit einem einfachen Fernglas sind diese Dunkelwolken zu sehen. Ebenso sind leuchtende Wolken keine Seltenheit, ob sie nun das Licht heller naher Sterne reflektieren oder wegen ihrer hohen Temperatur selbst leuchten. Der interstellare Staub verhindert im Nicht-Radiobereich den freien Blick in die fernen Gebilde des Milchstraßensystems, insbesondere in seiner Ebene. Nur Radiostrahlung, z. B. die des interstellaren Wasserstoffs bei 21 cm Wellenlänge oder 1420 MHz, kann den sonst absorbierenden Staub ungehindert durchdringen.

Die Analyse der Radiobeobachtungen, die Berücksichtigung der Absorption, das detaillierte Studium von Emissionswolken führen zu der Erkenntnis, daß sich das Sonnensystem zwar nahe der Ebene des Milchstraßensystems, aber nicht mehr in seiner Mitte befindet. Sonne und Planeten haben ihren Ort am Rande eines Spiralarmes weitab vom Zentrum des Systems. Diese exzentrische Position des Sonnensystems ergibt sich auch aus der räumlichen Verteilung besonders heller Sternansammlungen, den Kugelsternhaufen. Sie enthalten etwa 100 000 Sterne, sind demzufolge sehr hell, so daß sie bis weit in den Raum wahrgenommen werden können. Ihre symmetrische Anordnung zur Milchstraße, aber konzentriert in einem engen Winkelbereich, gibt einen starken Hinweis auf die exzentrische Stellung des Beobachters.

Wie Kopernikus die Erde aus dem Mittelpunkt der Welt verbannt hat, hat die interstellare Materie das Sonnensystem aus dem Mittelpunkt der Galaxis, zu der es gehört, verbannt und die Sonne zu einem gleichberechtigten Stern neben vielen anderen Millionen Sternen gemacht. Wie der Mond sich um die Erde und wie die Erde sich um die Sonne bewegt, so bewegt sich die Sonne mit ihren Planeten um das Zentrum der Galaxis. Die Rotationsgeschwindigkeit am Ort der Sonne beträgt etwa 230 km pro Sekunde. Da der Abstand der Sonne vom galaktischen Zentrum etwa 30 000 Lichtjahre beträgt, dauert ein Umlauf der Sonne um das Zentrum des Systems etwa 250 Millionen Jahre.

Dieser Zeitraum wird anschaulich, wenn er in eine entwicklungsgeschichtliche Zeitskala eingeordnet wird. Vom Auftreten der ersten Menschen bis heute hat die Sonne nur einen Bruchteil der Strecke um das Zentrum der Galaxis zurückgelegt. Der Beginn der Entwicklung der ersten Säugetiere liegt etwa eine Rotation zurück. Die Milchstraße selbst hat viele Rotationen durchlebt, sie ist mehrere Milliarden Jahre alt.

Aus der Rotation der Milchstraße kann die Gesamtmasse des Systems abgeschätzt werden, wenn vereinfachend angenommen wird, daß fast die gesamte Masse im Zentrum konzentriert ist. Die Gesamtmasse der Milchstraße beträgt etwa

100 Milliarden Sonnenmassen, d. h. daß die Sonne mit 100 Milliarden anderer Sterne die Milchstraße ausmacht.

Das System der Milchstraße, der Galaxis, zu der das Sonnensystem gehört, läßt sich kurz so beschreiben: Etwa 100 Milliarden Sterne sind in einem flachen, aber rotationssymmetrischen Gebilde mit einer Spiralstruktur vereinigt. Die Masse konzentriert sich zum Zentrum, das gesamte System rotiert. Der Gesamtdurchmesser beträgt etwa 100 000 Lichtjahre in der Rotationsebene, senkrecht dazu mißt der Durchmesser maximal 20 000 Lichtjahre, das Achsenverhältnis beträgt demnach 5:1. Umgeben wird dieses Gebilde von Kugelsternhaufen, die mehr oder weniger gut eine sphärische Anordnung zeigen. Die Sonne ist weit außen plaziert, 30 000 Lichtjahre vom Zentrum entfernt.

b) Ein Stern unter Sternen

Betrachtet man die Helligkeit der Sonne, so ist es nicht selbstverständlich, daß sie ein Stern unter vielen anderen ist. Letzte Gewißheit, daß die Sonne nicht intensiver strahlt als andere Sterne, konnte erst erlangt werden, als die Entfernung zu einem Fixstern direkt gemessen werden konnte. Im Jahre 1838 gelang dies Friedrich Wilhelm Bessel (1784–1846) in Königsberg zum erstenmal; er bestimmte auf geometrischem Wege die Entfernung zum Stern 61 Cygni mit 3,4 parsec, das entspricht 11,1 Lichtjahren. Nach dieser Messung sind die nächsten Sterne mindestens 200 000mal weiter entfernt als die Sonne. Da die Lichtstärke mit dem Quadrat der Entfernung abnimmt, wird einsichtig, daß die Leuchtkraft der Sonne nicht größer sein kann als die der anderen Sterne.

Ähnlich verhält es sich mit der Größe der Sonne. Ihr Winkeldurchmesser beträgt etwa ½ Grad. In einer Entfernung, die 200 000mal größer wäre als die gegebene von 8,3 Lichtminuten, würde die Sonne zu einem Punkt werden, der auch von den größten Fernrohren nicht mehr aufgelöst werden könnte. Nur die relative Nähe läßt Größe und Helligkeit der Sonne anders als die entfernter Sterne erscheinen.

Es ist nicht zu erwarten, daß alle Sterne die gleiche Leuchtkraft und die gleiche Größe besitzen. Sie werden sich auch in Masse und Oberflächentemperatur unterscheiden. Wie ordnet sich die Sonne in die Vielfältigkeit der Sterne ein – wie „normal" ist die Sonne? Bei Kenntnis der Helligkeit und der Entfernung läßt sich die Leuchtkraft der Sterne bestimmen: Die der hellsten Sterne ist etwa 10 000mal größer als die der Sonne, die der schwächsten etwa 10 000mal kleiner. Die Sonne nimmt also einen guten Mittelwert ein.

Die Leuchtkraft eines Sternes wird durch zwei Faktoren bestimmt: durch die Strahlungsenergie, die pro Flächeneinheit emittiert wird, und durch die Größe der Sternoberfläche. Die Strahlungsenergie pro Flächeneinheit ist mit der Oberflächentemperatur verknüpft, sie ist proportional der vierten Potenz der Temperatur (Stefan-Boltzmannsches Strahlungsgesetz). Erhöht sich bei einem strahlenden Körper die Temperatur auf das Doppelte, dann strahlt er 16mal soviel Energie ab, d. h. er wird entsprechend heller. Eine Temperaturerhöhung um nur 10 % erhöht die Strahlungsleistung um fast 50 %. Bei der funktionellen Verknüpfung zwischen den drei Größen Leuchtkraft, Temperatur und Radius kann, wenn zwei von ihnen bekannt sind, die dritte berechnet werden.

Die Sterntemperaturen variieren bei weitem nicht so stark wie die Leuchtkräfte. Sieht man von seltenen Extremfällen ab, beträgt die Oberflächentemperatur heißer Sterne etwa 30 000 K, die kühler Sterne 3000 K. Mit 6000 K ist die Sonne ein guter Standardstern, wenn auch an der unteren Temperaturskala. Aber die Anzahl kühlerer Sterne ist weit häufiger als die der heißen.

Die Sternradien umfassen einen weit größeren Bereich. Riesensterne können den Sonnenradius um das 500fache überschreiten, Zwergsterne können 100mal kleiner als die Sonne sein. Es gibt demnach Sterne, die so groß sind, daß die Erdbewegung um die Sonne im Inneren des Sternes Platz hätte. Die Massen der Sterne variieren dagegen in einem relativ engen Bereich. Von Ausnahmen abgesehen, erreichen die massereichsten Sterne etwa 50 Sonnenmassen, massearme Sterne dagegen nur 20 % der Sonnenmasse.

Der Stern Sonne ist nach allem ein ganz gewöhnlicher Stern. Seine charakteristischen Größen nehmen eine mittlere Stellung unter den Sternen unserer Galaxis ein. Erkenntnisse aus der Sonnenforschung können auf andere Sterne übertragen werden, die Sonne kann als „Standardstern" angesehen werden. Viele Phänomene bei den Millionen von Sternen können nicht direkt nachgewiesen werden, weil die Meßapparaturen zu lichtschwach sind. Da sich darüber hinaus die Sterne selbst in den größten Fernrohren nur in punktförmiger Gestalt darbieten, ist die Sonne der einzige Stern, der sich in flächenhafter Gestalt zeigt. Aufgrund der nur bei diesem Stern erkennbaren Oberflächenstruktur nimmt die Sonnenforschung in der Astronomie eine Sonderstellung ein – der Stern Sonne läßt sich wegen seiner Helligkeit und Nähe besonders gut erforschen.

Unabhängig davon, ob das Geschehen auf der Sonne entschlüsselt ist oder ob es noch rätselhaft erscheint: Die Existenz der Sonne beherrscht das tägliche Leben. Sie spendet Wärme und Energie, läßt Pflanzen, Tiere und Menschen wachsen – und sterben. Die Sonne greift essentiell in das Leben ein, auch wenn das nicht immer bewußt ist.

2. Sonne und Erde

Mit dem Lauf der Sonne am Himmel bestimmen zwei sich überlagernde periodische Vorgänge den Lebensrhythmus: Tag und Jahr. Mit Tag und Jahr wird das Zeitmaß festgelegt, mit dem wir täglich umgehen. Schon Kinder wachsen mit den Begriffen Morgen, Mittag, Abend und Nacht oder Frühling, Sommer, Herbst und Winter auf, ohne zu fragen, warum das so ist und nicht anders. Die Sonne geht im Osten auf, steht auf der Nordhalbkugel mittags im Süden und geht im Westen wieder unter. Daran ändert sich nichts im Lauf eines Lebens.

a) Die Sonne am täglichen Himmel

Die vereinfachende Aussage, die Sonne gehe im Osten auf und im Westen unter, gilt nur für zwei Tage im Jahr: am Tage des Frühlings- bzw. des Herbstbeginns. An diesen Tagen gilt sie für alle Orte auf der Erde, sowohl für die nördliche als auch für die südliche Hemisphäre. Zu allen anderen Zeiten sind Aufgangsorte und Aufgangszeiten der Sonne vom geographischen Ort auf der Erde abhängig und so von Ort zu Ort verschieden. Auch die Aussage, die Sonne stehe am Mittag im Süden, ist nicht allgemeingültig. Für die Menschen in Argentinien, Südafrika oder Australien steht die Sonne am Mittag im Norden. In dem weiten Bereich zwischen nördlichem und südlichem Wendekreis kann die Sonne im Laufe des Jahres sowohl im Norden als auch im Süden stehen. An Orten in diesem Bereich steht die Sonne zweimal jährlich im Zenit. Am Äquator ist die Sonne ein halbes Jahr im Norden und ein halbes Jahr im Süden zu sehen. Schon im weiteren europäischen Bereich sind die Änderungen der Tagesabläufe an den verschiedenen Orten deutlich wahrnehmbar. In Tabelle 1 sind für vier europäische Orte Tageslänge, Höhenstand und Auf- bzw. Untergangsposition (Azimut) der Sonne angegeben. Innerhalb Deutschlands sind im Winter die Tage in Freiburg um über eine Stunde länger als in Flensburg, im Sommer entsprechend kürzer. Wie stark sich die Tageslänge selbst ändert, wird an den Extremwerten der Tabelle überdeutlich; die Änderung der Tageslänge zwischen Sommer und Winter beträgt in Oslo 13 Stunden, auf den Kanarischen Inseln dagegen nur knapp 4 Stunden, in Deutschland sind 9 Stunden ein guter Mittelwert. Aus einer Extrapolation der Daten ist zu erkennen, wie sich die Unterschiede zwischen Sommer und Winter in Richtung Äquator immer mehr verwischen, während sie sich zu den Polen hin verstärken. In den nördlichsten und südlichsten Breiten der Erde geht die Sonne schließlich nicht mehr auf bzw. unter (Mitternachtssonne).

Tabelle 1: Die Sonne am Himmel

in:	Oslo	Flensburg	Freiburg	Teneriffa
Tageslängen				
Winter	$5^h 30^m$	$6^h 56^m$	$8^h 10^m$	$10^h 10^m$
Frühling/Herbst	$12^h 00^m$	$12^h 00^m$	$12^h 00^m$	$12^h 00^m$
Sommer	$18^h 30^m$	$17^h 04^m$	$15^h 50^m$	$13^h 50^m$
Maximale Sonnenhöhe				
Winter	6,5°	11,7°	18,5°	38,0°
Frühling/Herbst	30,0°	35,2°	42,1°	61,5°
Sommer	53,5°	58,7°	65,5°	85,0°
Azimutwinkel beim Auf- bzw. Untergang *(von Süd nach Nord gemessen)*				
Winter	37,1°	42,2°	53,4°	63,0°
Frühling/Herbst	90,0°	90,0°	90,0°	90,0°
Sommer	142,9°	137,8°	126,6°	117,0°

Auch Beispiele für die Mittagshöhe der Sonne, abhängig von der geographischen Breite und der Jahreszeit, sind Tabelle 1 zu entnehmen. Für einen festen Ort auf der Erde ändert sich die Höhe der Sonne um 47 Grad, $2 \times 23{,}5$ Grad. Hat ein Ort die geographische Breite φ – für Flensburg sind das 55 Grad, für Freiburg 48 –, dann beträgt die maximale Höhe der Sonne beim Frühlings- und Herbstanfang $90 - \varphi$, beim Winteranfang erreicht die Sonne nur die Höhe von $90 - \varphi - 23{,}5$, beim Sommeranfang dagegen 90−φ+23,5 Grad. Die geographische Breite ist ebenso am nächtlichen Himmel abzulesen. Die Höhe des Polarsterns ist nahezu gleich der geographischen Breite, er weicht nur wenig mehr als ein Grad vom Himmelspol ab.

Grund für diese Unterschiede sind die Kugelgestalt der Erde und die Neigung der Erdachse gegen die Ebene, in der sich die Erde um die Sonne bewegt, die Ekliptik. Zwei Winkel treten immer auf, die geographische Breite als Ausdruck für die Kugelgestalt der Erde und der Winkel von 23,5 Grad, um den die Äquatorebene der Erde gegen die Ekliptik geneigt ist. Stünde die Erdachse senkrecht auf der Ekliptik, gäbe es keine Jahreszeiten, und für einen bestimmten Erdort wäre der Weg der Sonne am Himmel immer der gleiche.

Die Bewegung der Erde um die Sonne ist schematisch in Abbildung 2 dargestellt und erklärt das Zustandekommen der Jahreszeiten. Insbesondere wird erkennbar, wie für einen Beobachter auf der Nordhalbkugel der Erde die Sonne im Sommer immer deutlich höher steht als im Winter.

Wird um die Bahnbewegung der Erde eine Sphäre mit Sternen gedacht, dann stellt sich für einen Erdbeobachter der scheinbare Lauf der Sonne am Himmel so dar, wie es dem alten ptolemäischen Weltsystem entspricht: Alle Fixsterne schei-

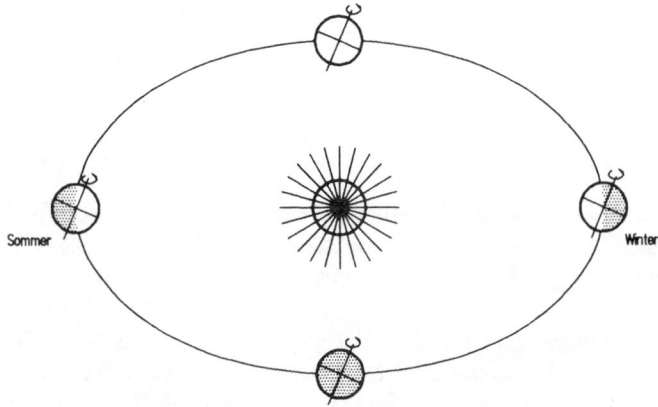

Abb. 2: Der Umlauf der Erde um die Sonne, die Jahreszeiten

nen an einer Sphäre festgemacht, die sich einmal täglich um die Erde dreht – eine Reflektion der täglichen Erddrehung. Auf der für den Beobachter feststehenden Erde wandert die Sonne einmal jährlich rund durch die Fixsternsphäre. Dabei durchläuft die Sonne in der Ekliptik die Sternbilder der Tierkreiszeichen, vom Widder bis zu den Fischen. Der Himmelsäquator ist die gedachte Projektion der Erdäquatorebene an die Sphäre, das ist die Ebene senkrecht zur Rotationsachse der Erde.

b) Die Kugelgestalt der Erde

Die Wahrnehmungen, die in Tabelle 1 wiedergegeben sind, führten dazu, die Kugelgestalt der Erde zu erkennen und die Größe des Erdumfanges zu berechnen. Die Kugelgestalt der Erde wurde schon im 6. vorchristlichen Jahrhundert von den Pythagoräern gelehrt. Eratosthenes hat 200 Jahre v. Chr. den Umfang der Erde bestimmt. Aus den Mittagshöhen der Sonne in Syene (Assuan) und Alexandria bestimmte er den Unterschied der geographischen Breiten zu $\frac{1}{50}$ des vollen Kreises, das sind 7,2 Grad. Die Entfernung Syene–Alexandria schätzte er aus den notwendigen Tagesreisen ab. So gelang eine erstaunlich genaue Vermessung des Erdumfanges: 39 690 km. Der Fehler gegenüber dem Umfang von 40 000 km (ursprüngliche Definition des Kilometers) ist demnach kleiner als ein Prozent.

Bei der Bestimmung der Breitendifferenz, d. h. der Höhendifferenz der Sonne zwischen Syene und Alexandria, kam Eratosthenes die Tatsache zu Hilfe, daß in Syene zur Zeit des Sommeranfanges die Sonne mittags fast genau im Zenit steht. Syene liegt unweit des nördlichen Wendekreises (geographische Breite +23,5 Grad), an dem die Sonne am Tag des Sommerbeginns den Zenit erreicht; am südlichen Wendekreis (Breite −23,5 Grad) geschieht das am Tage des Winteranfanges.

c) Der Tag als Zeitmaß

Da der Lauf der Sonne am Himmel weitgehend das irdische Leben beherrscht, wurde das periodische Verhalten der Erdrotation zum natürlichen Zeitmaß. Der Tag hat 24 Stunden, die Stunde 60 Minuten und die Minute 60 Sekunden. Wird das Zeitmaß in Beziehung zum Umfang des Kreises gesetzt, dann entsprechen 24 Stunden 360 Grad, 1 Stunde entspricht 15 Grad, 1 Zeitminute 15 Bogenminuten und 1 Zeitsekunde 15 Bogensekunden. Die Angabe von Minuten oder Sekunden sollte stets klar zum Ausdruck bringen, ob es sich um Zeit- oder Bogenminuten, bzw. um Zeit- oder Bogensekunden handelt.

Die Zeit, die zwischen zwei aufeinanderfolgenden Durchgängen der Sonne durch den Meridian (Südpunkt) verstreicht, ist ein wahrer Sonnentag. Dieses Zeitmaß ist ungleichmäßig, denn einmal ist die Geschwindigkeit der Sonne beim Lauf am Himmel variabel, zum anderen liegt die Bewegung in der Ekliptik schief zur Äquatorebene der Erde. Aus Gründen der Zweckmäßigkeit wurde daher eine mittlere Sonnenzeit eingeführt, bei der eine „mittlere Sonne" definiert wird, die mit konstanter Geschwindigkeit auf dem Äquator umläuft.

Die Differenz zwischen der wahren und der mittleren Sonnenzeit kann maximal 16 Minuten ausmachen. Anders ausgedrückt: Zur Mittagszeit kann die Sonne bis zu 16 Zeitminuten, das sind 4 Grad oder 8 Sonnendurchmesser, vom Meridian, der Südrichtung, entfernt sein. Die Differenz zwischen wahrer und mittlerer Zeit wird Zeitgleichung genannt. Die mittlere Sonnenzeit hängt von der geographischen Länge ab, denn sie ist an den Meridiandurchgang der mittleren Sonne geknüpft – sie ist eine reine Ortszeit. Wenn in Deutschland die Sonne hoch am Himmel steht, ist in Japan schon tiefe Nacht, und in Amerika frühstückt man gerade. Zeitunterschiede sind auch schon bei kleineren Distanzen deutlich erkennbar: In Görlitz durchquert die Sonne den Meridian über eine halbe Stunde früher als in Aachen. Die geographische Länge von Görlitz ist 15 Grad, die von Aachen 6,1 Grad; die Längendifferenz von 8,9 Grad entspricht einer Zeitdifferenz von 35,6 Minuten.

Um Uhrenumstellungen von Ort zu Ort zu vermeiden, wurden international sogenannte Zonenzeiten vereinbart, wonach in bestimmten Längenbereichen die gleiche Zeit gelten soll.

Die Bereiche umfassen meist 15 Längengrade auf der Erde; das entspricht genau einer Stunde. In weiten Teilen Europas gilt die Mitteleuropäische Zeit (MEZ). Sie bezieht sich auf die Länge von 15 Grad Ost, ist also die mittlere Sonnenzeit für Orte auf dem 15. östlichen Längengrad, z. B. Görlitz. In England gilt die Westeuropäische Zeit (WEZ), das ist die Zeit des geographischen Nullmeridians. Er läuft definitionsgemäß durch die Sternwarte Greenwich in London, genaugenommen durch die Mitte des Objektives eines Meridiankreises, der bis vor einigen Jahren dort gestanden hat.

In vielen Bereichen, in denen die internationale Zusammenarbeit besonders wichtig ist – z. B. im Verkehr und in der wissenschaftlichen Forschung –, gilt eine einzige globale Zeit, die Weltzeit oder *Universal time* (UT). Die UT ist identisch mit der Westeuropäischen Zeit, weshalb sie auch Greenwichzeit genannt wird. Alle Ereignisse der Astronomie werden in UT angegeben.

d) Das Jahr und der Kalender

Die Tageslänge ist das eine Zeitintervall, das irdisches Leben beherrscht, das andere ist das Jahr. Ein Jahr ist die Zeit, die die Sonne benötigt, um einmal die Fixsternsphäre zu durchlaufen, die Zeit also, die vergeht, bis die Sonne bei ihrer Wanderung durch die Ekliptik wieder ihren Ausgangspunkt erreicht hat. Als Ausgangspunkt gilt hier der Frühlingspunkt, der Schnittpunkt zwischen dem Himmelsäquator und der Ekliptik. Diese scheinbare Bewegung der Sonne am Himmel ist die Reflektion der Erdbewegung um die Sonne, d. h. ein Jahr entspricht einem Erdumlauf, einem tropischen Jahr. Die Jahreslänge beträgt 365,2422 Tage oder 365 Tage, 5 Stunden, 48 Minuten und 46 Sekunden. Da Erdrotation und Erdumlauf um die Sonne zwei ganz verschiedene Dinge sind, ist das Jahr kein ganzzahliges Vielfaches des Tages.

Die Nichtkommensurabilität von Tag und Jahr muß im Kalender berücksichtigt werden. Seit Cäsar, 46 v. Chr., galt lange Zeit das Julianische Jahr, das mit 365,2500 Tagen angenommen wurde. Im Kalender mit 365 Tagen war demzufolge alle vier Jahre ein zusätzlicher Tag einzufügen, ein Schalttag. Das Julianische Jahr ist jedoch etwa 11 Minuten länger als das tropische Jahr, das z. B. die Jahreszeiten bestimmt. Im 16. Jahrhundert betrug der Fehler schon etwa 10 Tage, so daß Papst Gregor XIII. durch eine Bulle eine Kalenderreform verfügte. In dieser Reform wurde festgelegt, daß auf den 4. Oktober 1582 gleich der 15. Oktober folgen sollte und durch eine Änderung der Schaltjahrregelung eine bessere Anpassung an das tropische Jahr erreicht werden sollte. Im Gregorianischen Kalender gibt es weiterhin in jedem 4. Jahr einen zusätzlichen Tag, aber die Jahre des vollen Jahrhunderts haben keinen Schalttag (z. B. 1800, 1900); Ausnahmen sind die 400er Jahre, die wieder einen Schalttag haben. Das Jahr 2000 wird also ein Schaltjahr sein. Der Gregorianische Kalender setzt die Jahreslänge mit 365,2425 Tagen an, der Unterschied zum tropischen Jahr beträgt nur noch 26 Sekunden pro Jahr, das ist ein Tag in 3300 Jahren.

Die Gregorianische Kalenderreform mit der Verschiebung von 10 Tagen im 16. Jahrhundert hat sich nicht überall sofort durchgesetzt, in Rußland z. B. erst 1917, weshalb die „Oktober"-Revolution nach dem Gregorianischen Kalender erst Anfang November stattfand.

e) Die Keplerschen Gesetze

Nikolaus Kopernikus (1493–1543) hat zu Beginn des 16. Jahrhunderts das kosmische Weltbild total verändert, indem er die Sonne in den damaligen Mittelpunkt der Welt setzte und die Erde sich um die Sonne bewegen ließ. Johannes Kepler (1571–1630) bestätigte die kopernikanische Lehre mit der Entdeckung dreier Gesetze, die das Geschehen im Planetensystem beschreiben. Nach sehr genauen Bestimmungen von Planetenpositionen durch Tycho de Brahe (1546–1601) gelang es Kepler, anhand der Bewegungen des Planeten Mars nachzuweisen, daß sich die Planeten auf Ellipsenbahnen um die Sonne bewegen, wobei sich die Sonne in einem der Brennpunkte befindet. Im zweiten Keplerschen Gesetz wird nachgewiesen, daß die Verbindungslinie Planet–Sonne in gleichen Zeiten gleiche Flächen überstreicht. Das bedeutet, daß sich die Bahngeschwindigkeiten der Planeten beim Umlauf um die Sonne ändern. Den beiden Gesetzen aus dem Jahre 1609 fügte Kepler 1619 ein drittes hinzu. Nach ihm verhalten sich die Quadrate der Umlaufzeiten zweier Planeten zueinander wie die Kuben ihrer mittleren Entfernung von der Sonne.

Die Ursache für ein solches Verhalten der Planeten wurde noch im gleichen Jahrhundert gefunden. Die Entdeckung des Gesetzes der gegenseitigen Anziehung zweier Massen, des Gravitationsgesetzes, durch Isaac Newton (1643–1727) im Jahr 1687 schuf die noch heute gültigen Grundlagen der Mechanik des Planetensystems. Die drei Keplerschen Gesetze lassen sich direkt aus dem Newtonschen Gravitationsgesetz ableiten.

Nach dem zweiten Keplerschen Gesetz ist die Bahnbewegung der Erde um die Sonne nicht konstant. Sie ist schneller, wenn der Abstand Erde–Sonne kleiner ist, sie wird langsamer, wenn sich der Abstand vergrößert. Das hat eine unterschiedliche Länge der Jahreszeiten zur Folge. Anfang Januar ist der Abstand zwischen Erde und Sonne am kleinsten, im Juli ist die Erde am weitesten von der Sonne entfernt. Die Zeit zwischen Herbst- und Frühlingsanfang beträgt 179 Tage, während die Zeit von Frühlings- bis Herbstanfang 186 Tage zählt. Der Sommer ist um etwa 7 Tage länger als der Winter.

Die Umlaufgeschwindigkeit der Erde um die Sonne beträgt im Mittel 29,86 km/sec, in Sonnennähe 30,3 km/sec, in Sonnenferne 29,3 km/sec.

f) Sonnenfinsternisse

Beim Umlauf des Mondes um die Erde kann es zu Verfinsterungen kommen: Schiebt sich der Mond zwischen Sonne und Erde, dann gibt es eine Sonnenfinsternis; befindet sich die Erde zwischen Sonne und Mond, eine Mondfinsternis. Läge die Mondumlaufbahn um die Erde in der gleichen Ebene wie die Erdumlaufbahn um die Sonne, gäbe es bei jedem Mondumlauf eine Sonnen- und eine Mondfinsternis, nämlich bei Neumond und bei Vollmond. Da die beiden Bahnebenen gegeneinander geneigt sind, sind die Finsternisse relativ seltene Ereignisse; im Mittel gibt es je zwei Finsternisse pro Jahr.

Sonnenfinsternisse haben eine unterschiedlich lange Dauer. Sie hängt ab von den momentan beobachtbaren Durchmessern von Sonne und Mond. Der Sonnendurchmesser schwankt um 3%, der des Mondes um 15%. Ist der gegebene Monddurchmesser größer als der Sonnendurchmesser, dann kommt es zu einer totalen Sonnenfinsternis, ist er kleiner, dann erscheint die Verfinsterung ringförmig. Die maximale Dauer einer totalen Sonnenfinsternis beträgt für einen festen Ort auf der Erde 7 Minuten und 36 Sekunden. Die nächste in Süddeutschland beobachtbare totale Sonnenfinsternis findet am 11. August 1999 statt; sie wird 2 Minuten und 25 Sekunden dauern.

So unbedeutend die Existenz der Sonne für das kosmische Geschehen ist, so fundamental greift sie täglich in das irdische Leben ein. Doch was geschieht auf der Sonne?

3. Zustandsgrößen der Sonne

Beim Vergleich der Eigenschaften der Sterne untereinander – Masse, Größe oder Leuchtkraft – werden meist die entsprechenden Größen der Sonne als Maßeinheit herangezogen. Die Angabe, ein Riesenstern habe einen tausendmal größeren Durchmesser als die Sonne, ist leichter nachvollziehbar als die Angabe, der Stern habe einen Durchmesser von z.B. 1 400 000 000 km. Aber wie sind die solaren oder gar kosmischen Daten in das gültige Meter-Kilogramm-Sekunde-System eingeeicht?

Längen werden in Meter, Massen in Kilogramm, Zeiten in Sekunden gemessen. Die Definitionen von Längen, Massen und Zeit haben mit der Sonne selbst nichts zu tun.

Das Meter war ursprünglich (1795) als ein Bruchteil des Erdumfanges definiert, der zu 40 000 km festgesetzt wurde. Seit 1984 ist das Meter eine abgeleitete Größe, das entsprechende Urmaß ist die Lichtgeschwindigkeit. Das Meter ist die Länge, die das Licht im Vakuum in 1/299 792 458 Sekunden zurücklegt.

Das Kilogramm wird als materielle Masse im Bureau International des Poids et Mesures in Sèvres bei Paris aufbewahrt. Es handelt sich um einen zylindrischen Körper von 39 mm Durchmesser und 39 mm Höhe aus einer Platin-Iridium-Legierung.

Als Zeitmaß galt ursprünglich die Rotationsdauer der Erde mit 24 Stunden oder 86 400 Sekunden. Quarz- und Atomuhren stellten Schwankungen der Erdrotation fest, die unregelmäßig, periodisch oder säkular sein können. Seit 1972 gilt eine von der astronomischen Zeit unabhängige Atomzeit. Die atomphysikalisch definierte Sekunde ist die Zeit, in der 9 192 631 770 Schwingungen beim Hyperfeinstrukturübergang im Grundzustand des Cäsiumisotops 133 stattfinden.

Selbst die Atomzeit muß von Zeit zu Zeit der Zeit, die sich auf die mittlere Sonnenzeit bzw. auf die Weltzeit bezieht, angepaßt werden. Es wurde vereinbart, daß Atomzeit und Weltzeit nur weniger als eine Sekunde auseinanderlaufen dürfen. Wenn nötig, wird am 30. Juni oder 31. Dezember eine Schaltsekunde vollzogen, die sowohl positiv als auch negativ sein kann.

a) Entfernung der Sonne

Die Versuche, die Entfernung der Sonne von der Erde zu bestimmen, gehen bis in das Altertum zurück. Die Ergebnisse waren eher bescheiden, eine Folge der großen Entfernung der Sonne und untauglicher Hilfsmittel, keine Folge gedanklicher Fehlüberlegungen. Wie auch bei Messungen auf der Erde werden trigonometrische Methoden angewandt. Dem Versuch des Aristarch von Samos, etwa 250 v. Chr., liegt die folgende Überlegung zugrunde: Zur Zeit des Halbmondes beträgt der Winkel zwischen Sonne, Mond und Erde genau 90 Grad. Aus der Messung des Winkels zwischen Sonne und Mond kann dann der Abstand Erde–Sonne berechnet werden, wenn der Abstand Erde–Mond bekannt ist. Zumindest kann das Entfernungsverhältnis zwischen Sonne und Mond angegeben werden. Aristarch kam zu dem Ergebnis, daß die Sonne 20mal weiter entfernt ist als der Mond. Das fehlerhafte Ergebnis ist auf die unzureichende Beobachtungsgenauigkeit zurückzuführen; die Sonne ist in Wirklichkeit etwa 400mal weiter entfernt als der Mond.

Die Bestimmungen der Sonnenentfernung aus den geometrischen Verhältnissen bei Mondfinsternissen, von Aristarch und später auch von Ptolemäus durchgeführt, ergaben ebenfalls zu kleine Sonnenentfernungen. 1200 Erdradien wurden dafür angegeben, ein Wert, der eben 20mal zu klein ist. Diese zu kleine Sonnenentfernung wurde vierzehn Jahrhunderte lang als richtig angesehen. Erst zu Keplers Zeiten reifte die Erkenntnis, daß die Sonne viel weiter entfernt sein muß.

Mit der Entdeckung der Keplerschen Gesetze eröffneten sich Möglichkeiten, die Sonnenentfernung richtig zu berechnen. Das dritte Keplersche Gesetz ist der Schlüssel dafür. Aus dem Verhältnis der Umlaufzeiten zweier Planeten ergibt sich das Verhältnis der Entfernungen beider Planeten. Bei der Anwendung dieses Verfahrens ist die Erde der eine Planet, der andere sollte der Erde so nahe kommen, daß seine Entfernung auf trigonometrischem Wege sicher ermittelt werden kann. Die Umlaufzeiten der Planeten können immer als genau genug vorausgesetzt werden. Bei der ersten Anwendung dieser Methode wurde 1672 der Planet Mars benutzt; es ergab sich ein Wert für die Sonnenentfernung, der nur 8 % kleiner war als der heute bekannte.

In der Neujahrsnacht zum 19. Jahrhundert wurde der erste kleine Planet, Ceres, von Piazzi in Palermo entdeckt. In der Folgezeit wurden viele dieser kleinen Planeten gefunden; einige können der Erde recht nahe kommen, weit näher als die großen Planeten. So kann sich der kleine Planet Eros der Erde bis auf 0,15 Erdbahnradien nähern. Im vorigen Jahrhundert wurde in Zusammenarbeit einer Reihe von Sternwarten die Genauigkeit der Entfernungsbestimmung zur Sonne stark verbessert, die Unsicherheit betrug weniger als 0,1 %; trotzdem wurde in der ersten Hälfte dieses Jahrhunderts noch lange um den genauen Wert gerungen.

Seit 1961 ist eine Methode entwickelt worden, die sich durch besondere Genauigkeit auszeichnet: die Radar-Echo-Methode. Von der Erde aus wird ein Radarsignal zu einem nahen Planeten, z.B. zu Venus oder Mars, gesandt und die Laufzeit gemessen, bis das reflektierte Signal zur Erde zurückkommt. Dies kann über längere Zeiten des Planetenumlaufs um die Sonne geschehen, womit eine extrem hohe Genauigkeit erreicht wird. Die Ungenauigkeit von einigen wenigen Kilometern bei der Venus ist bedingt durch Unregelmäßigkeiten in ihrer Atmosphäre, die Reflexionsgrenze ist mit Unsicherheiten behaftet. Über das dritte Keplersche Gesetz ergibt sich aus der Entfernung zwischen Erde und einem Planeten die Sonnenentfernung. Nach heutigen Kenntnissen beträgt die mittlere Sonnenentfernung 149 597 870 ± 2 Kilometer.

In der Astronomie ist es üblich, statt der Entfernung den Winkel anzugeben, unter dem – in diesem Falle – der Äquatorradius der Erde von der Sonne aus erscheint. Diese „Sonnenparallaxe" beträgt 8,794 Bogensekunden. Das Licht benötigt 499,005 Sekunden, das sind 8,3 Minuten, um den Weg zur Erde zurückzulegen.

Die Zahlen beziehen sich auf die mittlere Sonnenentfernung; wegen der elliptischen Umlaufbahn um die Sonne variiert die Entfernung um etwa 3 %. Beim kleinsten Sonnenabstand, Anfang Januar jeden Jahres, beträgt die Entfernung Erde–Sonne etwa 147 Millionen Kilometer, beim größten Abstand 152 Millionen Kilometer. Solche Abweichungen sind jedoch zu klein, um sich auf die Jahreszeiten merklich auszuwirken.

b) Sonnenradius

Ist die Entfernung Erde–Sonne bekannt, läßt sich der Durchmesser der Sonne leicht bestimmen, denn die Messung des Winkeldurchmessers bereitet grundsätzlich keine Schwierigkeiten: Er beträgt etwa ½ Grad. Bei der sich verändernden Sonnenentfernung variiert der Winkeldurchmesser zwischen 31,5 und 32,5 Bogenminuten. Mit dem mittleren Wert von 1919,3 Bogensekunden ergibt sich ein Sonnenradius von 696011 km. Die hier bis auf einen Kilometer genaue Angabe für den Radius ist zwangsweise eine Rechengröße und hängt davon ab, wo man bei einem Gaskörper, der keinen scharfen Rand haben kann, die Grenze wahrnimmt. Unabhängig davon setzen die störenden Einflüsse der Erdatmosphäre bei der Messung des Sonnendurchmessers gewisse Grenzen. Ein runder Wert von 696000 km für den Sonnenradius trägt sicher allen Unsicherheiten Rechnung. Der Sonnenradius ist danach etwa 109mal größer als der Erdradius.

Da die Sonne rotiert, könnte man vermuten, daß sie eine Abplattung zeigt, ähnlich wie die Erde. Umfangreiche Untersuchungen haben jedoch ergeben, daß der Unterschied zwischen dem Äquator- und Polradius höchstens wenige 10 Kilometer betragen kann. Entsprechende Messungen liegen jedoch beträchtlich unterhalb des Auflösungsvermögens der Teleskope.

c) Sonnenmasse

Massenbestimmungen im Kosmos sind nur möglich, wenn zwei Massen vorhanden sind, die gravitativ aufeinanderwirken. Das Newtonsche Gravitationsgesetz besagt, daß die Anziehungskraft zweier Massen aufeinander dem Produkt der Massen direkt proportional ist. Je größer also die Massen sind, je größer sind auch die wirkenden Kräfte; sie nehmen jedoch mit dem Quadrat des Abstandes ab.

Das Gravitationsgesetz enthält darüber hinaus eine Konstante, die sogenannte Newtonsche Gravitationskonstante. Diese Konstante läßt sich nicht aus Gravitationswirkungen im Kosmos ableiten, sie muß auf der Erde im Labor bestimmt werden. Dabei handelt es sich um ein sehr schwieriges Experiment. Die Gravitationskonstante ist daher auch eine der am wenigsten genau bekannten Naturkonstanten, sie ist nur etwa bis auf 0,1 % genau bekannt. Da bei der Ableitung von Massen aus der Kraftwirkung immer das Produkt von Masse und Gravitationskonstante auftritt, kann die Masse nicht genauer als die Gravitationskonstante bestimmt werden. Aus der Umlaufgeschwindigkeit der Erde um die Sonne und der ebenfalls bekannten Sonnenentfernung läßt sich die Sonnenmasse mit $1,989 \times 10^{30}$ kg bestimmen.

Eine Masse von 2×10^{30} kg übersteigt bei weitem jedes Vorstellungsvermögen. Die große solare Masse gewinnt erst dann an Anschaulichkeit, wenn sie in Relation zu den Planetenmassen gesetzt wird. So ist die Sonnenmasse 330 000mal größer als die Erdmasse, 3500mal größer als die Saturnmasse und immer noch 408mal größer als die Jupitermasse, die Masse des größten Planeten im Planetensystem. Selbst die Summe aller Planetenmassen ist sehr klein im Verhältnis zur Sonnenmasse, nämlich kleiner als ein Prozent.

Die Sonne bestimmt aufgrund ihrer Masse gravitativ das Geschehen im Planetensystem. Bei der Bewegung eines Planeten um die Sonne sind die gravitativen Störungen durch die anderen Planeten sehr klein, wenn auch nicht zu vernachlässigen.

d) Dichte der Sonne

Mit dem Radius der Sonne ist ihr Volumen bekannt, und die mittlere Dichte der Sonne, ihre Masse pro Volumen, läßt sich leicht berechnen. Obwohl die Sonne ein Gaskörper ist, ist ihre mittlere Dichte im Verhältnis zur Erde recht groß: Sie beträgt 1,408, die mittlere Dichte der Erde 5,515 Gramm pro Kubikzentimeter. Die mittlere solare Dichte beträgt demnach nur ein Viertel der des festen Erdkörpers und übersteigt die Dichte des Wassers noch um 40 %. Die Ursache: Im Inneren der Sonne nimmt die Dichte zum Kern hin extrem stark zu.

e) Solarkonstante

Die Energie, welche die Sonne stündlich, täglich – welche sie ständig abstrahlt, ist nicht nur von astronomischem Interesse, denn diese Strahlungsleistung bestimmt das Leben auf der Erde. Ohne die Energiequelle Sonne wäre Leben auf der Erde nicht möglich. Zur Zeit wird das, was die Sonne in der Vergangenheit zugestrahlt hat, als Energiequelle verbraucht: Erdöl, Erdgas, Holz oder Kohle.

Was von der Sonne zugestrahlt wird, ist von der Erdoberfläche aus ziemlich schwer zu messen, denn die Erdatmosphäre absorbiert sogar an klarsten Tagen im Hochgebirge einen beträchtlichen Teil der Strahlung, auch im sichtbaren Spektralbereich. Darüber hinaus ist die Erdatmosphäre für ultraviolette und infrarote Strahlung in weiten Bereichen völlig undurchlässig. Selbst bei sorgfältigster Korrektur dieser Effekte sind Messungen von der Erdoberfläche aus mit Fehlern behaftet, die die Grenze von einem Prozent überschreiten. Vor wenigen Jahrzehnten unterschieden sich die Meßergebnisse noch um bis zu fünf Prozent, und manchmal, wenn auch nur in seltenen Fällen, wurden die Meßunsicherheiten als wahre Schwankungen der solaren Strahlungsleistung ausgegeben.

Während heute die zugestrahlte Energie in Watt pro Quadratmeter angegeben wird, war früher die Einheit Kalorie pro Quadratzentimeter und Minute üblich. Beide Einheiten lassen sich leicht ineinander überführen. Die Kalorie ist eine anschauliche Größe: Sie gibt die Wärmemenge an, die ein Gramm Wasser um ein Grad erhöht. Die heute gültige Energieeinheit ist ein Joule, die Einheit der Leistung – d.h. Energie pro Zeit – ein

Watt. Die neueren Messungen der solaren Strahlungsleistung wurden von Satelliten aus durchgeführt. Eine längere Meßserie, Anfang der 80er Jahre an Bord der *Solar Maximum-Mission* (SMM) durchgeführt, ergab für die Solarkonstante S=1367 Watt pro Quadratmeter – in die älteren Einheiten umgerechnet: 1,96 Kalorien pro Quadratzentimeter und Minute. Das entspricht dem laufenden Betrieb einer Heizplatte am Herd oder eines Bügeleisens.

Eine interessante Frage drängt sich in diesem Zusammenhang auf: Wieviel Quadratmeter Fläche bräuchte jeder Bürger, um seinen gesamten Energiebedarf zu decken? In einschlägigen Statistiken für 1992 findet man, daß in Westdeutschland 409 Millionen Tonnen Steinkohleneinheiten (SKE) verbraucht wurden; das sind 6,3 Tonnen SKE pro Einwohner oder, umgerechnet, 51 400 Kilowattstunden pro Einwohner pro Jahr. Der Wert von über 50 000 Kilowattstunden übersteigt bei weitem den Betrag, der auf den Haushalts-Stromrechnungen erscheint, denn der gesamte industrielle Energieverbrauch ist in ihm enthalten. Ihn eingeschlossen beträgt in den fast 8800 Stunden des Jahres die notwendige Leistung, die jedem Bürger pro Sekunde zur Verfügung gestellt werden müßte, 5,9 Kilowatt. Die Sonne liefert 1,4 Kilowatt pro Quadratmeter, jeder Bürger bräuchte also eine Fläche von 4,3 Quadratmetern für seinen Energieverbrauch. Selbst im dichtbesiedelten Deutschland mit über 250 Einwohnern pro Quadratkilometer stehen jedem Bürger 3800 Quadratmeter zur Verfügung, also eine Fläche, die fast 1000mal so groß ist wie die für den Energiebedarf benötigte.

Natürlich sind diese Zahlen zu großzügig geschätzt, denn Energie verbraucht auch die nichtmenschliche Natur; der Tag wurde mit 24 Stunden angenommen; es wurde nicht berücksichtigt, daß in der Atmosphäre einige Energie absorbiert wird. Die Abschätzung kann jedoch zeigen, daß die von der Sonne zugestrahlte Energie bei weitem ausreicht, um alle Bedürfnisse der Menschheit für immer zu decken. Nur ein kleiner Anteil der vorhandenen Fläche wäre nötig, um Empfangsflächen zur Umwandlung der Solarenergie in übliche Energieformen aufzustellen. Die Nutzung der Solarenergie wird die Herausforderung der nicht zu fernen Zukunft sein, denn die fossilen Energiequellen sind begrenzt und die Kernenergie hat sich als problematisch erwiesen.

Wie konstant ist nun aber die Solarkonstante, also die Energie, die uns ständig zugestrahlt wird? Über Wochen und Monate betragen die Schwankungen weniger als ein Promille. Größere kurzzeitige Schwankungen von einigen Promille lassen sich auf das verstärkte Auftreten von Sonnenflecken zurückführen. Langzeiteffekte können mit Sicherheit nicht nachgewiesen werden. Möglicherweise gibt es geringfügige Änderungen von etwa 0,1 % innerhalb eines Sonnenfleckenzyklus. Im Rahmen der heutigen sehr hohen Meßgenauigkeit kann angenommen werden, daß die Solarkonstante eine wirkliche Konstante ist, sofern von Effekten der Sternentwicklung in Bereichen von Jahrmillionen oder gar Jahrmilliarden abgesehen werden kann.

f) Leuchtkraft und Effektivtemperatur

Da die Entfernung zur Sonne bekannt ist, kann auch die Energie berechnet werden, die die Sonne insgesamt abstrahlt. Diese Gesamtemission der Sonne, ihre Leuchtkraft, kann sinnvoll nur mit Hilfe von Zehnerpotenzen angegeben werden. Die Leuchtkraft der Sonne, die pro Sekunde abgestrahlte Energie, beträgt $3,845 \times 10^{26}$ Watt, das ist eine Zahl mit 26 Nullen. Es handelt sich hierbei um eine unvorstellbare Leistung, die zudem ununterbrochen erzeugt wird. Bemerkenswert ist, daß es Sterne gibt, die diese Strahlungsleistung noch um Zehnerpotenzen übertreffen.

Halbwegs vorstellbare Größen liegen in der Leistung, die von jedem Quadratmeter der Sonne emittiert wird. Der Sonnenradius ist bekannt, somit ergibt sich für die emittierte Energie ein Wert von 63 110 Kilowatt oder 63,11 Megawatt pro Quadratmeter. Normale Kraftwerke, die mit Kohle oder Erdöl betrieben werden, haben eine mittlere Leistung von einigen hundert Megawatt, d. h. etwa zehn Quadratmeter Sonnenoberfläche emittieren soviel Energie, wie ein mittleres irdisches

Kraftwerk erzeugt. Diese Zahlen geben annähernd ein Gefühl dafür, welches enorme Kraftwerk die Sonne darstellt, insbesondere dann, wenn berücksichtigt wird, wieviel Quadratmeter die Sonnenoberfläche ausmachen.

Die pro Flächeneinheit in der Sekunde emittierte Energie ist über das Stefan-Boltzmannsche Strahlungsgesetz mit der Temperatur verknüpft: Die Energie ist proportional ihrer vierten Potenz. Die auf diesem Wege abgeleitete Temperatur nennt man in der Astronomie effektive Temperatur, sie beträgt für die Sonne $T = 5776$ Kelvin, in Celsiusgraden sind das 5503 Grad. Die Unsicherheit dieser effektiven Temperatur ist kleiner als 3 Grad. Diese Größe ist einer der wesentlichen Parameter, die den Aufbau von Sternatmosphären und auch der Sonnenatmosphäre bestimmen. In den Sternatmosphären variiert die Temperatur zwar mit der Tiefe, die Effektivtemperatur ist jedoch ein guter Mittelwert.

Tabelle 2: Zustandsgrößen der Sonne

Sonnenentfernung	149 597 870 km
Sonnenradius	696 011 km
Masse	$1{,}989 \times 10^{30}$ kg
mittlere Dichte	$1{,}408$ g/cm^3
Solarkonstante	$1{,}367$ kW/m^2
Leuchtkraft	$3{,}845 \times 10^{26}$ Watt
effektive Temperatur	5776 Kelvin

4. Oberflächenerscheinungen der Sonne

Während die Betrachtung der funkelnden Sterne einer klaren Winternacht immer wieder die Bewunderung für das kosmische Geschehen hervorruft, ist die Beobachtung der Sonne meist frei von emotionalen Wirkungen. Lediglich die Sonnenhungrigen schauen auf die an der Sonne vorbeihuschenden Wolken und warten darauf, daß die Wärme ihr Wohlgefallen erhöht und daß die Strahlung dem Körper Bräune gibt.

Was gibt es auch auf der Sonne zu sehen? Für den Betrachter ohne Fernrohr ist sie eine weiße runde Scheibe, weiter nichts. Man kann zwar auf einer durch Nebel oder Dunst hinreichend abgeschwächten Sonne in seltenen Fällen ihre Flecken erkennen, aber es ist sicher kein Zufall, daß die eigentliche Entdeckung der Sonnenflecken erst mit der Erfindung des Fernrohres zusammenfällt. In alten chinesischen Quellen findet man zwar Hinweise auf Beobachtungen von Flecken auf der Sonnenscheibe, des öfteren wurde aber vermutet, daß es sich dabei um den Planeten Merkur handelt, der vor der Sonnenscheibe vorbeilaufen kann.

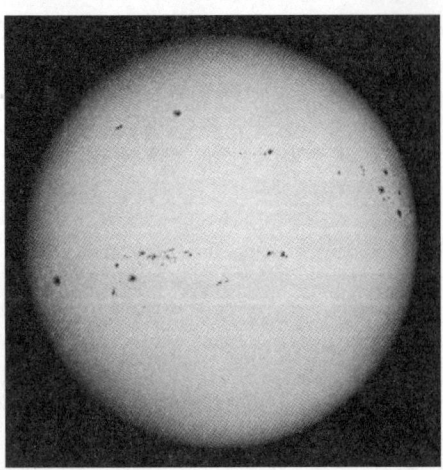

Abb. 3: Die Sonnenscheibe im weißen Licht mit Sonnenflecken

a) Sonnenflecken

Die eigentliche Entdeckung der Sonnenflecken fällt in die Jahre 1610/11. Wem die Ehre dieser Entdeckung zugestanden wird, sei dem Streit der Historiker überlassen. Johannes Fabricius, Galileo Galilei, Thomas Harriot und Christoph Scheiner sind die Persönlichkeiten, die Aufzeichnungen von Sonnenfleckenbeobachtungen aus dieser Zeit hinterlassen haben. Mit der Deutung, daß es sich wirklich um Flecken auf der Sonne handelt, wurde die Lehre von der Reinheit und Unbeflecktheit der Sonne widerlegt.

Die Sonnenflecken können so gewaltig sein, daß sie mit bloßem Auge erkennbar sind. Dabei können große Sonnenfleckengruppen in Ausnahmefälle durchaus Dimensionen von 300 000 km annehmen, das sind mehr als 20 Erddurchmesser.

Um quantitativ feststellen zu können, wo auf der Sonnenoberfläche Strukturen, z. B. Sonnenflecken, auftreten, bedient man sich, wie auf der Erde, eines Koordinatensystems. Auch die Sonne ist ein rotierender Körper, demgemäß gibt es einen Nord- und einen Südpol, einen Äquator und Längen- und Breitenkreise. Ein beliebiger Ort wird durch seinen Längen- und Breitengrad angegeben. Am Sonnenäquator entspricht ein Längengrad einer Strecke von etwas mehr als 12 000 km, also etwa einem Erddurchmesser. Die Rotationsachse der Sonne ist gegen die Erdumlaufbahn um die Sonne, d. h. gegen die Ekliptik geneigt, und zwar um etwa 7 Grad. Daraus folgt, daß sowohl der Nordpol als auch der Südpol zu gewissen Zeiten von der Erde aus sichtbar sind.

Die Größe einzelner Sonnenflecken variiert in weiten Grenzen, sie reicht von punktförmigen Objekten, die mit dem Teleskop gerade noch wahrnehmbar sind, bis zu einer Größe von etwa 5 Grad, das entspricht 60 000 km, einem Mehrfachen des Erddurchmessers. Wenn die Einzelflecken eine gewisse Größe überschreiten, wird eine innere Struktur erkennbar: In der Mitte tritt ein dunkler Kern auf, die Umbra, der von einer Penumbra umgeben ist, die bei weitem nicht so dunkel erscheint. Die Penumbra zeigt darüber hinaus noch eine filamentäre

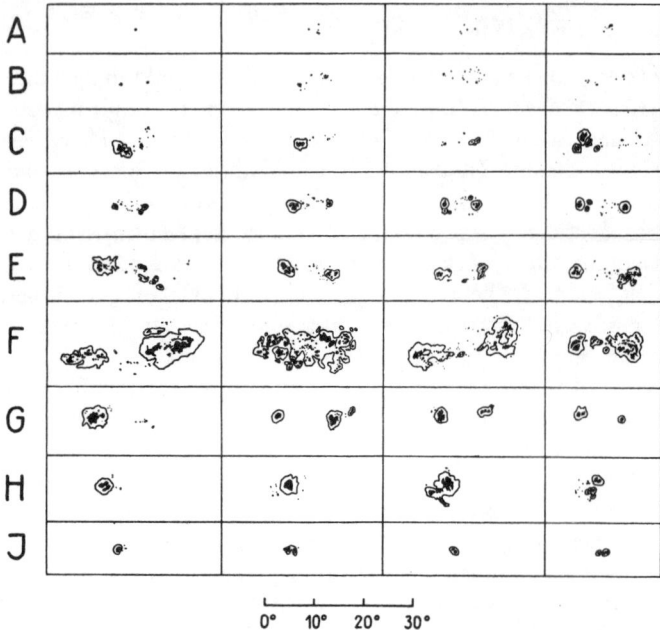

Abb. 4: Die Sonnenfleckenklassifikation nach Max Waldmeier

Struktur. Einzelflecken sind jedoch eher die Ausnahme, in der Mehrzahl der Fälle treten die Flecken in Gruppen auf, wobei die Einzelflecken überwiegend entlang eines Breitenkreises angeordnet sind.

Die unterschiedlichsten Formen von Fleckengruppen hat Max Waldmeier vor mehr als 50 Jahren in einer neunstufigen Skala klassifiziert, die in Abb. 4 wiedergegeben ist. Kleine Einzelflecken gehören zur Gruppe A, die größten Flecken mit der größten Ausdehnung zur Gruppe F. Meist bilden sich in einer Fleckengruppe zwei Konzentrationsschwerpunkte aus, man spricht dann von bipolaren Gruppen.

Diese Klasseneinteilung stellt gleichzeitig eine gewisse Entwicklungsskala dar, wobei die Klasse F die maximale Entwicklungsphase beschreibt. In den meisten Fällen bricht die Entwicklung der Fleckengruppen jedoch früher ab. Im Falle maximaler Entwicklung durchläuft eine Gruppe alle Typen A-B-C-D-E-F-G-H-I-A. Entwickelt sich eine Gruppe nicht stärker als bis D, so durchläuft sie die Typen A-B-C-D-(H)-I-A; bricht die Entwicklung schon bei C ab, dann werden die Typen A-B-C-I-A durchlaufen. Die gesamte maximale Entwicklungszeit beträgt einige Wochen, jedoch leben die meisten Gruppen nicht länger als ein bis zwei Wochen. Dabei ist die Anstiegsphase merklich kürzer als die Abklingphase. Nur 5 % aller einmal entstandenen Flecken erreichen in ihrer Entwicklung die maximale Phase, Lebensdauern von über zehn Wochen sind äußerst selten.

Nach der Entdeckung der Sonnenflecken vergingen mehr als 200 Jahre, ehe erste Gesetzmäßigkeiten im Erscheinungsbild der Sonnenflecken gefunden wurden. Heinrich Schwabe, ein Amateurastronom, stellte aufgrund seiner eigenen Beobachtungen fest, daß die Häufigkeit der Sonnenflecken in einem etwa zehnjährigen Zyklus schwankte; die Veröffentlichung seiner Ergebnisse erfolgte 1843. Nur wenige Jahre später wurde eine Maßzahl eingeführt, welche die Häufigkeit der Flecken quantitativ beschreibt.

Rudolf Wolf von der Züricher Sternwarte benannte die aus der beobachteten Zahl der Einzelflecken f und dem Zehnfachen der beobachteten Fleckengruppen g gebildete Summe als Relativzahl. Wegen der verschiedenen Qualität der benutzten Instrumente und wegen der möglichen unterschiedlichen Auffassung der Beobachter muß man Unterschiede zwischen den verschiedenen Meßreihen verschiedener Stationen erwarten. Aber es stellte sich bald heraus, daß die erhaltenen Relativzahlen zueinander proportional waren, so daß man die Sonnenfleckenrelativzahl R durch den Ausdruck $R = k \, (10 \, g + f)$ beschreiben kann. Dabei ist k ein Korrekturfaktor, der sowohl vom Beobachter als auch vom benutzten Instrument abhängt.

Existiert z.B. nur ein einziger Fleck auf der Sonne, dann ist die Relativzahl $R = 11$, denn es gibt nur eine Gruppe, $g = 1$, und nur einen Fleck, $f = 1$. Dies gilt bei einem Korrekturfaktor k = 1. Werden 3 Fleckengruppen beobachtet, eine mit 12 Einzelflecken, eine andere mit 5 und eine dritte mit 34 Einzelflecken, dann sind g = 3 und f = 12 + 5 + 34 = 51, also R = 81 für k = 1; mit einem Korrekturfaktor von 0,7 wäre R = 57.

Diese Relativzahl ist nicht frei von Willkür, wurde aber international verbindlich eingeführt. Es hat zwischenzeitlich nicht an Versuchen gefehlt, die Relativzahl zu „verbessern", aber sie haben sich nicht durchgesetzt, so daß ein Chaos in der Beschreibung der Fleckenhäufigkeit vermieden wurde.

Die von dem Apotheker Heinrich Schwabe gefundene Häufigkeitsänderung der Sonnenflecken konnte von Wolf mittels seiner Relativzahlen bis 1749 zurückverfolgt werden. Es besteht demnach kein Zweifel, daß die Fleckenhäufigkeit mit einer Periode von elf Jahren variiert. Eine Statistik der von 1755 bis 1954 bestimmten Relativzahlen ergibt für die wahrscheinlichste Länge eines Sonnenfleckenzyklus 11,1 ± 1,3 Jahre; der längste Zyklus in dieser Zeit war 13,6, der kürzeste 9,0 Jahre lang.

Abb. 5 zeigt in graphischer Darstellung die Fleckenhäufigkeit, wie sie sich aus den jährlichen Mittelwerten der Relativzahlen ergibt. Die Länge eines Sonnenfleckenzyklus wird von Minimum zu Minimum gerechnet. Die Analyse der Relativzahlkurven hat ergeben, daß ein Maximum um so früher eintritt, je größer das Maximum selbst ist. Eine Vorhersage des Zeitpunktes eines Fleckenmaximums ist mit erheblichen Unsicherheiten behaftet.

Bei der Betrachtung der Abbildung 5 bleibt nicht verborgen, daß der elfjährigen Periode noch eine längere übergelagert zu sein scheint, eine von etwa 80 Jahren. Es fällt auf, daß jeweils um die Jahrhundertwenden die Maxima besonders niedrig ausfielen, auch in jüngster Zeit wurde das hohe Maximum von 1957 nie wieder erreicht. Es war übrigens das höchste bisher beobachtete Maximum mit der höchsten täglichen Relativzahl von R = 355 am 24. und 25. Dezember 1957.

Ob zur Zeit eine abklingende Phase eines langjährigen Zyklus von etwa 80 Jahren Länge wirklich gegeben ist, darf ernsthaft bezweifelt werden; die letzten beiden hohen Maxima sprechen dagegen. Eine mathematische, statistische Analyse macht die Existenz einer etwa 80jährigen Periode eher wahrscheinlich.

Um die Mitte des vorigen Jahrhunderts wurde nicht nur die Häufigkeitsverteilung der Sonnenflecken entdeckt, sondern auch die Zonenänderung über einen Zyklus hinweg. Richard Carrington bemerkte 1856, daß die Sonnenflecken zu bestimmten Zeiten bestimmte Breitenzonen bevorzugen, dies in Abhängigkeit vom Fleckenzyklus. Die Flecken treten zu Beginn eines Zyklus bevorzugt in hohen heliographischen Breiten auf, sowohl auf der Nord- als auch auf der Südhalbkugel. Von Jahr zu Jahr verschiebt sich die Zone, in der die Flecken bevorzugt auftreten, immer weiter zum Äquator, wo sie gegen Ende des Zyklus anzutreffen sind. Findet man z.B. in einem Sonnenfleckenminimum einen Fleck in hohen Breiten, einen anderen in niedrigen Breiten, so ist der erste dem neuen, der zweite dem alten Zyklus zuzuordnen. Trägt man in einem Diagramm alle Fleckenpositionen auf, dann zeigt dieses Diagramm (Abb. 6) die Form eines Schmetterlings, wenn man der Phantasie freien

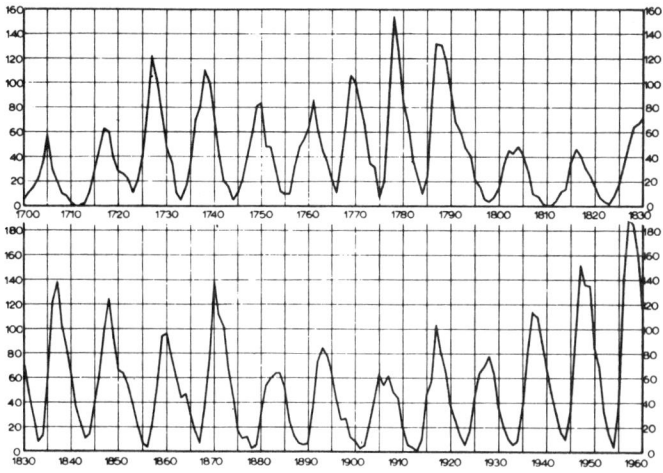

Abb. 5: Die Häufigkeitsvariation der Sonnenflecken, Jahresmittel der Relativzahlen von 1700 bis 1960

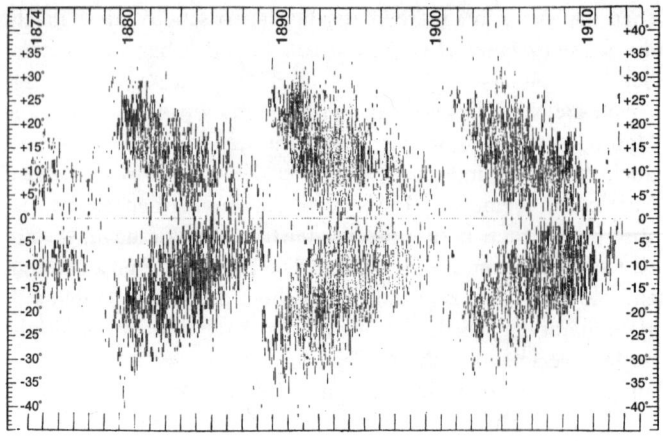

Abb. 6: Das Schmetterlingsdiagramm, Positionsänderungen
der Sonnenflecken von 1874 bis 1915

Lauf gewährt. Die besondere Form kommt dadurch zustande, daß das Diagramm neben der Zonenwanderung auch die Häufigkeitsverteilung der Flecken enthält.

Diesem Diagramm ist noch eine weitere Gesetzmäßigkeit zu entnehmen: Sonnenflecken treten nicht in hohen heliographischen Breiten auf, nur in seltenen Fällen werden Flecken in Breiten über 35 Grad beobachtet, und dann auch nur zu Beginn eines Zyklus.

Während die Erkenntnis der Variabilität der Sonnenfleckenhäufigkeit sich nur auf die Existenz der Flecken stützt, bedarf die Konstruktion des Schmetterlingsdiagramms der Bestimmung der Fleckenpositionen. Die Entdeckung der Zonenwanderung der Flecken war ein Nebenprodukt einer anderen Untersuchung: der genauen Messung der Sonnenrotation.

b) Sonnenrotation

Seit der Entdeckung der Sonnenflecken war klar, daß die Sonne rotiert; schließlich bewegen sich die Flecken über die Sonnenscheibe. Sie tauchen am Ostrand perspektivisch verzerrt auf, erreichen nach etwa einer Woche die Sonnenmitte und verschwinden nach einer weiteren Woche am Westrand, falls sie dann noch existieren. Somit beträgt die Rotationsdauer der Sonne knapp einen Monat.

Die Bestimmung des genauen Rotationsverhaltens der Sonne ist bis in die jüngste Zeit hinein Gegenstand der Forschung. Denn da die Sonne ein Gaskörper ist, rotiert sie nicht wie ein fester Körper, sondern sie zeigt ein recht komplexes Rotationsverhalten. Die auffälligste Erscheinung ist die differentielle Rotation, d.h. die Rotationsgeschwindigkeit ist von der heliographischen Breite abhängig. Am Sonnenäquator ist die Rotationsgeschwindigkeit am größten, mit zunehmender Breite nimmt sie merklich ab. So ist sie in 20 Grad Breite um etwa 2 %, in 40 Grad Breite um etwa 8 % geringer als am Äquator. Ein gedachter Sonnenfleck bei 40 Grad Breite hat nach 12 Äquatorrotationen eine ganze Rotation weniger ausgeführt. Bei der solaren Rotation handelt es sich demnach um eine permanente Verdrillung des gesamten Gaskörpers.

Bei der Ableitung dieser Gesetzmäßigkeit wurde angenommen, daß sich die Lage der Sonnenflecken selbst nicht ändert, eine Annahme, die einer kritischen Betrachtung nur bedingt standhält. Bei der Untersuchung der Entwicklung von Fleckengruppen findet man durchaus gegenseitige leichte Positionsverschiebungen von Einzelflecken. Es ist deshalb nicht überraschend, daß sich bei der Bearbeitung verschiedener Beobachtungsdaten leicht verschiedene Resultate ergeben; schließlich müssen Beobachtungen miteinander verglichen werden, die oft viele Tage auseinanderliegen.

Aus der Beobachtung aller Sonnenflecken der Jahre 1874–1976 erhält man für die Rotationszeit am Äquator 24,74 Tage. Wählt man nur die Flecken aus, die länger als eine Rotation lebten, dann erhält man eine um 1,3 Prozent längere Rotationsdauer. Das ist zwar ein kleiner, aber durchaus meßbarer Betrag. Auch andere längerlebende Strukturen auf der Sonnenoberfläche stehen zur Rotationsbestimmung zur Verfügung, die Differenzen bei der Äquatorrotationszeit können dabei durchaus bis zu 8 % betragen. Interessant dabei ist, daß bei schnellerer Rotation auch der differentielle Effekt der Rotation zunimmt. Bei einer heliographischen Breite von etwa 25 Grad sind die Unterschiede aller bestimmten Rotationszeiten am geringsten, sie beträgt dort etwa 26,7 Tage.

Neben dieser Methode der Rotationsbestimmung steht eine ganz andere zur Verfügung: die des optischen Dopplereffektes, wonach sich die Frequenz des Lichtes ändert, wenn sich die Lichtquelle auf einen Betrachter zu- oder von ihm wegbewegt. Im Sonnenspektrum auftretende Spektrallinien (siehe Kapitel 7) zeigen eine gut meßbare Frequenzverschiebung, wenn der Ostrand mit dem Westrand auf der Sonnenscheibe miteinander verglichen wird; der eine Rand bewegt sich auf die Erde zu, der andere von ihr weg. Mit der Dopplereffekt-Methode ist es möglich, die Rotationsgeschwindigkeit selbst in den heliographischen Breiten zu bestimmen, in denen keine Sonnenflecken mehr auftreten.

Im großen und ganzen stimmen die so gewonnenen Rotationsdaten mit denen der Flecken überein, aber geringe systematische Differenzen sind unverkennbar. So wird die Äquatorgeschwindigkeit um etwa 3 % kleiner gemessen als die aus allen Flecken abgeleitete. Auch die Form des differentiellen Rotationsverhaltens ist etwas verschieden. Ob diese Differenzen reell sind oder ob eventuell systematische Fehlmessungen die Abweichungen hervorrufen, müssen weitere Untersuchungen zeigen.

Wie komplex das gesamte Rotationsverhalten der Sonne ist, wird noch aus einem anderen Beobachtungsbefund ersichtlich. Es besteht der Verdacht, daß die Sonnenrotation nicht nur von der heliographischen Breite, sondern auch von der Sonnenfleckenaktivität abhängt, also zeitlich variabel ist. Es hat den Anschein, als ob während der Sonnenfleckenminima die Rotationsgeschwindigkeit etwas größer ist als während der Sonnenfleckenmaxima.

Wird eine mittlere Rotationszeit von 27 Tagen zugrunde gelegt, ergibt sich eine Rotationsgeschwindigkeit von 1,8 km/sec für mittlere Breiten, am Äquator beträgt sie etwa 2,0 km/sec.

Die Rotationsgeschwindigkeit der Sonne ist merklich größer als die der Erde, die am Erdäquator 0,5 Kilometer pro Sekunde beträgt.

c) Randverdunkelung

Selbst bei Benutzung größerer astronomischer Instrumente ist von einem Gasball Sonne nichts wahrzunehmen – der Sonnenrand bleibt scharf. Lediglich Störungen in unserer Erdatmosphäre verursachen eine Unschärfe, die örtlich und zeitlich variabel ist. Aber in der Nähe des Sonnenrandes ist die Helligkeit gegenüber der Sonnenmitte erheblich reduziert. Die Helligkeit der Sonnenscheibe nimmt kontinuierlich von der Mitte zum Rande hin ab, weshalb man von einer Randverdunkelung spricht. Auf dem halben Weg von der Mitte zum Rand werden noch 90 % der Mittenhelligkeit gemessen, bei einem Randabstand von 10 % immer noch 65 %, erst 2 % vom Rande entfernt sinkt die Helligkeit auf die Hälfte der Mittenhelligkeit. Erst in der Nähe des Sonnenrandes wird die Randverdunkelung deutlich wahrnehmbar, weshalb dieser Effekt bei einer Betrachtung mit bloßem Auge nicht auffällig erscheint.

Unterschiedlich stark ist die Randverdunkelung, wenn das in seine Spektralfarben zerlegte Licht betrachtet wird. Im roten Spektralbereich ist die Mitte-Rand-Variation der Sonnenstrahlung erheblich weniger ausgeprägt als im blauen Spektralbereich. Die Randverdunkelung ist für alle Richtungen auf der Scheibe gleich, es gibt keine eindeutig meßbaren Unterschiede zwischen der Nord-Süd- und der Ost-West-Richtung auf der Sonne. Welcher physikalische Effekt bedingt nun diese Helligkeitsvariation auf der Sonnenscheibe?

Dazu muß die Frage beantwortet werden, woher die Strahlung stammt, die die Erde erreicht. Tritt die Strahlung senkrecht zur Oberfläche der Sonne aus, emittiert ein Volumenelement, z. B. ein Kubikmeter, an der äußersten Grenze der Sonne eine Strahlung, die die Erde ungeschwächt erreicht. Die Emission eines tiefer in der Sonnenatmosphäre gelegenen Volumenelements erreicht die Erde abgeschwächt, weil die über dem emittierenden Element sich befindende Schicht die Strahlung teilweise absorbiert. Je tiefer man in die Atmosphäre eindringt, desto weniger der emittierten Strahlung kann die Erde erreichen. Der Sichtweite in die Atmosphäre hinein sind Grenzen gesetzt, bis praktisch gar keine Strahlung mehr nach außen dringt, weil sie von den höher gelegenen Schichten völlig absorbiert wird.

Da das Emissionsvermögen mit der Tiefe in der Sonnenatmosphäre langsam zunimmt, wächst der jeweilige Strahlungsanteil, der die Erde erreicht; der Emissionsanteil tiefer gelegener Schichten wird verstärkt. Das Wechselspiel zwischen dem nach innen zunehmenden Emissionsvermögen und der gleichzeitig wachsenden Absorption führt dazu, daß eine mittlere Tiefe in der Sonnenatmosphäre angegeben werden kann, aus der die die Erde erreichende Strahlung überwiegend stammt. Das Wechselspiel zwischen Emission und Absorption, das so direkt verfolgt werden kann, spielt sich in einem Höhenbereich von wenigen hundert Kilometern ab. Die Strahlung, die die Erde erreicht, enthält also Beiträge aus einem solaren Höhenbereich von wenigen hundert Kilometern, jedoch mit einem ausgesprochenen Schwerpunkt. Diese wenigen hundert Kilometer, die unserer Beobachtung zugänglich sind, werden Photosphäre genannt.

Für eine Stelle auf der Sonne außerhalb der Scheibenmitte, wo die Strahlung für den irdischen Betrachter nicht mehr senkrecht zur Sonnenoberfläche austritt, sind diese Betrachtungen etwas zu korrigieren. Der Strahlungsanteil, der von einem Volumenelement in einer bestimmten Tiefe emittiert wird, wird stärker absorbiert, weil die Weglänge der über ihr liegenden absorbierenden Schicht bei schräger Durchsetzung zunimmt. Das hat zur Folge, daß sich der Schwerpunkt der die Erde erreichenden Strahlung zur Sonnenoberfläche hin verlagert, der irdische Beobachter nicht mehr so tief in die Sonne hineinschauen kann. Je schräger er auf die Sonne blickt, desto geringer wird für ihn die Eindringtiefe in die Atmosphäre. Genau dieser Sachverhalt erklärt die Randverdunkelung. In der Mitte der Sonnenscheibe blickt der Beobachter senkrecht auf die Oberfläche der Sonne. Entfernt er sich von der Mitte, schaut er schräg auf die Sonnenoberfläche, dies um so stärker, je mehr er sich dem Sonnenrand nähert. Die Beobachtung der Mitte-Rand-Variation erlaubt demzufolge ein optisches „Durchtasten" der Sonnenatmosphäre, d. h. die Bestimmung des Emissionsvermögens mit der Höhe in der Sonnenatmosphäre.

Den funktionellen Zusammenhang zwischen Emission, Absorption und Strahlungsintensität hat zwar schon Gustav Kirchhoff 1860 abgeleitet, aber erst im Jahre 1900 hat Max Planck den genauen Ausdruck für die Strahlungsintensität berechnet und damit das Zeitalter der Quantentheorie eingeläutet. Unter bestimmten Voraussetzungen ist demnach die Intensität eine universelle Funktion, die nur von der Frequenz und der Temperatur abhängig ist. Die Bedingungen für die Anwendbarkeit des Planckschen Strahlungsgesetzes sind in der Sonnenatmosphäre weitgehend erfüllt. Das eröffnet die Möglichkeit, aus der Randverdunkelung über die Tiefenabhängigkeit des Emissionsvermögens auch die Tiefenabhängigkeit der Temperatur in der Sonnenatmosphäre zu bestimmen.

Die sich so ergebende Temperaturverteilung in der Sonnenatmosphäre ist in Auszügen in Tabelle 3 wiedergegeben.

Tabelle 3: Tiefenabhängigkeit der Temperatur

Höhe	Temperatur	Höhe	Temperatur
−50 km	7910 K	515 km	4170 K
−25 km	6910 K	555 km	4230 K
0 km	6420 K	605 km	4420 K
50 km	5840 K	655 km	4730 K
100 km	5455 K	705 km	5030 K
150 km	5180 K	755 km	5280 K
250 km	4780 K	1065 km	6040 K
350 km	4465 K	2016 km	7360 K
450 km	4220 K	2107 km	10700 K

Der Nullpunkt der Höhenskala ist willkürlich, er liegt in den tieferen Schichten der Photosphäre. Negative Zahlen zeigen ins Sonneninnere, positive nach außen. Die aus der gesamten Energieemission abgeleitete Effektivtemperatur der Sonne liegt im mittleren Bereich der Temperaturen. Tabelle 3 zeigt im Höhenbereich über 500 km Temperaturangaben, die aus der Randverdunkelung nicht mehr abgeleitet werden können; sie zeigen, wie in höheren Atmosphärenschichten die Temperatur nach außen wieder ansteigt.

Wenn die Randverdunkelung für verschiedene Farben einen unterschiedlichen Verlauf zeigt, so ist die Ursache dafür die Farbabhängigkeit der Absorption in der Atmosphäre.

Die Mitte-Rand-Variation der Helligkeit und die daraus abgeleitete Tiefenabhängigkeit der Temperatur in der Sonnenatmosphäre ist auch von besonderer Bedeutung für das Studium anderer Sternatmosphären. Auf anderen Sternen ist die Randverdunkelung nicht meßbar, es müssen daher andere Methoden angewandt werden. Die Sonne dient allgemein als Testobjekt, um die Verfahren der Analyse von Sternatmosphären zu überprüfen. Die Sonne kann in diesem Falle als „Eichamt" der Physik der Sternatmosphären betrachtet werden.

d) Granulation

Ein weiterer Aspekt, der die Sonne unter unzähligen Sternen auszeichnet, ist der beobachtungsmäßige Nachweis einer feinen Oberflächenstruktur, der Granulation. Unter guten Beobachtungsbedingungen ist eine kleinskalige Helligkeitsstruktur sichtbar, die auf anderen Sternen nicht direkt nachweisbar ist. Helle Gebilde sind von dunklen Gebieten umgeben, die hellen Granula werden von intergranularen dunklen Räumen umschlossen. Der mittlere Abstand der einzelnen Granula beträgt etwa 1400 Kilometer, das entspricht einem Winkel von zwei Bogensekunden oder einem Tausendstel des Sonnendurchmessers. Um Detailstrukturen der Granulation analysieren zu können, sind größere Instrumente nötig, außerdem müssen die Verfälschungen durch die Erdatmosphäre hinreichend klein sein.

Da die Helligkeit strahlender Objekte mit der Temperatur verknüpft ist, wird mit der Existenz der Granulation nachgewiesen, daß die Sonnenoberfläche keine einheitliche Tempera-

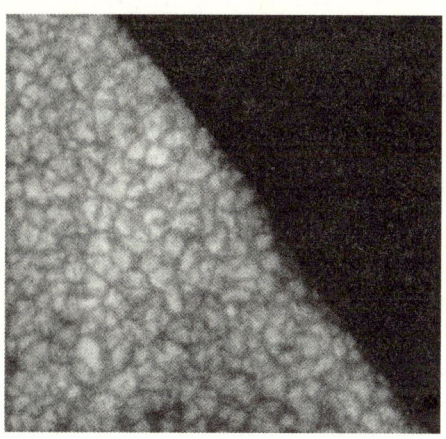

Abb. 7: Die Sonnengranulation mit dem Mondrand
während einer partiellen Sonnenfinsternis

tur aufweist, sondern eine örtliche Fluktuation zeigt. Das Granulationsmuster, wie es in Abbildung 7 zu sehen ist, ist darüber hinaus auch zeitlich variabel, d. h. die Temperaturfluktuationen sind nicht nur räumlich, sondern auch zeitlich veränderlich.

Die Lebensdauer einzelner Granula kann nur schwer angegeben werden, da es sich bei der Granulation um Entwicklungsprozesse handelt. Jedes einzelne Granulum hat eine „Vergangenheit", und das „Lebensende" ist nur selten mit dem totalen Absterben durch „Nichterkennen" verbunden. Während ihrer Existenz als Individuen werden die einzelnen Granula größer und heller, wobei das Ende des Individuums dadurch angezeigt wird, daß sich in der Mitte des Granulums ein dunkler Kern bildet und der sich daraus entwickelnde Ring in Einzelteile zerfällt. Aus diesen Einzelteilen heraus kann sich der Vorgang wiederholen. Dieses komplexe, räumlich und zeitlich variable Strukturverhalten macht es unmöglich, von einzelnen Elementen quantitative Angaben zu machen. Statistische Angaben sind deshalb für die Beschreibung der Granulation besonders wichtig. Für die Angabe einer Lebensdauer wird deshalb die

45

Ähnlichkeit der Intensitätsverteilung des Granulationsmusters herangezogen. Mittels solcher Kriterien kann die Lebensdauer der Granulation mit etwa 8 Minuten angegeben werden; einzelne Granula können diese Zeit erheblich überschreiten.

Wie Abbildung 7 zeigt, ist die Form der einzelnen Granula nicht etwa rund, sondern sie zeigen eine ausgeprägte polygonale Struktur (siehe auch Abb. 11). Die Größe der hellen Granula schwankt in weiten Grenzen, weshalb die Angabe eines mittleren Abstandes viel sinnvoller ist als die einer Granulengröße.

Die Helligkeitsfluktuation der Granulation beträgt etwa 15 %, vielleicht auch etwas mehr, d. h. die hellen Gebiete sind durchschnittlich 15 % heller als die mittlere Intensität, die dunklen Gebiete dagegen 15 % dunkler. Dies ist ein statistischer Wert, einzelne Granulen und einzelne intergranulare Gebiete können erheblich davon abweichen. Diese Helligkeitsfluktuation ist eine Folge der Temperaturfluktuation. Etwa 200 Grad höher als die mittlere Temperatur ist die der hellen Gebiete, 200 Grad niedriger die der dunklen. Auch das sind statistische Mittelwerte. Zwischen den Intensitätsspitzen und einzelnen Intensitätsminima kann die Temperaturdifferenz erheblich über 400 Grad liegen. Das sind keine kleinen Temperaturschwankungen, insbesondere dann nicht, wenn man weiß, daß der Meßfehler bei der Bestimmung der Effektivtemperatur bei nur 3 Grad liegt.

Die örtlichen und zeitlichen Schwankungen in der Granulation lassen erwarten, daß die Materie, die dieses Granulationsmuster erzeugt, in ständiger Bewegung ist. Mit Hilfe des Dopplereffektes konnte dies auch eindeutig bestätigt werden. Helle Granulationselemente steigen in der Atmosphäre auf, in den dunklen Gebieten sinkt die Materie ab. Die Geschwindigkeiten betragen etwa 1 km/sec; das gilt sowohl für die aufsteigenden als auch für die absinkenden Strukturen. Sowohl die Temperatur- als auch die Helligkeitsschwankungen nehmen mit der Höhe rasch ab, die Granulationsstruktur löst sich nach oben hin auf, die Konvektion verschwindet. Trotzdem bleibt die solare Materie in ständiger Bewegung. Dafür sind offenbar andere Mechanismen verantwortlich.

Aus Beobachtungen in der Nähe des Sonnenrandes ist erschlossen worden, daß die Materiebewegungen nicht nur radial verlaufen, sondern daß es auch horizontale Bewegungen gibt. Ein solches allgemeines Strömungsverhalten ist auch aus der zeitlichen Entwicklung der Granulation heraus zu erwarten.

Die Sonnenoberfläche ist nach allem weit davon entfernt, eine ruhig strahlende Schicht zu sein. Sie befindet sich in ständiger Veränderung, in einem brodelnden Zustand. Aber genau das wird von der Theorie des inneren Aufbaus der Sonne gefordert. Direkt unterhalb der sichtbaren Photosphäre wird die im Kerngebiet der Sonne erzeugte Energie nicht durch Strahlung, sondern durch Konvektion – aufsteigende heiße und absinkende kalte Materieballen – nach außen transportiert. Von der Beobachtung werden nur die äußersten Schichten dieser Konvektionszone erfaßt. Darüber mehr in den Kapiteln 6 und 9.

5. Instrumente und Beobachtungsorte

Neben den großen astronomischen Forschungszentren gibt es viele kleine Institute und viele Gruppen von Amateuren, die sich kleinerer Instrumente bedienen müssen, um ihren Drang nach wissenschaftlicher Erkenntnis zu befriedigen. Für einfache Sonnenbeobachtungen reichen Fernrohre mit einer Öffnung von weniger als 10 Zentimetern, um Details auf der Sonnenscheibe zu erkennen. Ob Linsenfernrohre oder Spiegelteleskope dabei zur Anwendung kommen, ist zunächst ohne Bedeutung – beide haben ihre Vor- und Nachteile. Dem Anfänger sei ein Refraktor, ein Linsenfernrohr, angeraten, wobei die Brennweite mindestens zehnmal größer als die Objektivöffnung sein sollte. Zur Betrachtung des Sonnenbildes ist es empfehlenswert, es auf einem Projektionsschirm abzubilden, um allen Problemen der Augenschädigung aus dem Wege zu gehen. Diese einfache Form der Sonnenbeobachtung hat darüber hinaus den Vorteil, daß die Größe des Bildes in weiten Grenzen variiert werden kann und daß gleichzeitig mehrere Interessenten das Bild betrachten können.

Im Brennpunkt oder, besser, in der Brennebene eines Fernrohres ist die Größe des Sonnenbildes direkt proportional der Brennweite des Teleskops. Innerhalb von 10 Prozent Genauigkeit gilt die Faustregel: Die Größe des Sonnenbildes beträgt 1/100 der Brennweite des Fernrohres. Demnach erzeugt ein Fernrohr von 1 Meter Brennweite ein Sonnenbild von 1 Zentimeter Durchmesser, eines von 40 Meter Brennweite ein Bild von 40 Zentimetern. Daraus resultiert die Feststellung, daß es wenig Sinn hat, mit einer einfachen Kleinbildkamera die Sonne zu fotografieren, denn mit einem 50 mm Normalobjektiv erhält man ein Sonnenbild von nur 0,5 mm. Selbst mit normalen Teleobjektiven ist der Erfolg sehr bescheiden.

Wie in der normalen Fotografie die Größe des Papierabzuges die Vergrößerung des Bildes bestimmt, so ist bei einem Fernrohr die Brennweite des Okulares für die Vergrößerung verantwortlich. Das Verhältnis der Brennweiten von Objektiv und Okular bestimmt die Vergrößerung. Je kleiner die Okularbrennweite gewählt wird, je stärker ist die Vergrößerung. In der Fotografie ist die Öffnung des Objektivs für die Helligkeit des Bildes verantwortlich. Während man bei der normalen Fotografie die Öffnung mittels der Blende verringert, wenn die Helligkeit zu groß wird, ist das bei der astronomischen Beobachtung unzweckmäßig. Die Objektivöffnung bestimmt das Auflösungsvermögen des Instrumentes; sie bestimmt, welcher kleinste Winkel noch erkennbar ist. Beim Refraktor ist das Auflösungsvermögen durch seinen Objektivdurchmesser gegeben, beim Reflektor durch die Größe des abbildenden Spiegels.

Mit wachsender Öffnung eines Teleskops wächst die Möglichkeit, kleine Distanzen, z.B. Doppelsterne, zu trennen. Für sichtbares Licht gilt die Faustformel, wonach mit 10 cm Öffnung ein Winkel von etwa 1 Bogensekunde aufgelöst werden kann, bei 5 cm Öffnung 2 Bogensekunden, bei 100 cm Öffnung 0,1 Bogensekunden.

Die Teleskopöffnung ist nicht der einzige Faktor, der die Auflösung bei der Beobachtung beeinflußt. Die Störungen der Erdatmosphäre sind meist von der gleichen Größenordnung, oft sogar größer.

Gibt es ein anschauliches Maß für den Winkel von einer Bogensekunde? Der Winkeldurchmesser der Sonne beträgt etwa 2000 Bogensekunden. Die Angabe, das Auflösungsvermögen betrage 1 Bogensekunde, besagt demnach, daß zwei Punkte getrennt erkannt werden können, die einen Abstand von 1/2000 des Sonnendurchmessers haben. Ein irdischer Vergleich macht diese Größe deutlich: Beträgt der Abstand zweier Scheinwerfer eines Autos 1 Meter und ist das Auto 200 km entfernt, dann beträgt der Winkel eben dieser Scheinwerfer eine Bogensekunde. Bei einem Auflösungsvermögen von einer Bogensekunde können beide Lichter des Autos getrennt wahrgenommen werden. Ein anderer Vergleich: Ist ein Satellit in einer Höhe von 200 Kilometern mit einem Fernrohr von nur 10 cm Öffnung ausgerüstet, so kann von dort aus jeder Fahrzeugverkehr auf der Erde ohne Schwierigkeiten kontrolliert werden.

In der astronomischen Forschung, und daher auch in der Sonnenphysik, kommt es nicht nur darauf an, Positionen und

Helligkeiten von kosmischen Objekten oder Strukturen auf der Sonne zu bestimmen, sondern das mit den Fernrohren eingefangene Licht muß im Detail weiter untersucht werden. Nicht nur die Quantität des Lichtes, sondern auch die Qualität des Lichtes ist Gegenstand der Untersuchungen. Problemorientiert werden hinter der Fokalebene des Instrumentes Zusatzgeräte bereitgestellt, die es erlauben, das Licht detailliert auf den Forschungszweck hin zu untersuchen. Leistungsfähige Sonnenteleskope sind deshalb mit Spektrographen, zumindest mit schmalbandigen Farbfiltern oder mit äquivalenten Zusatzinstrumenten ausgerüstet.

a) Spektralfarben

Das weiße Licht der Sonne ist aus Licht verschiedener Farben zusammengesetzt. Am besten bekannt sind die Farben des Regenbogens, die von Wassertropfen erzeugt werden, wenn das weiße Licht der Sonne auf sie fällt. Unser Auge ist für die Farben violett, blau, grün, gelb, orange und rot empfindlich. Auch außerhalb dieser Farbskala enthält das Sonnenlicht „Licht", doch unser Auge ist dafür nicht empfindlich. So ergänzen der ultraviolette und der infrarote Bereich die Farbskala nach beiden Seiten.

Licht jeder Art kann als Wellenbewegung dargestellt werden, Wellenlänge oder Frequenz beschreiben das Licht. Jede Farbe hat eine ganz bestimmte Wellenlänge. Die Wellenlänge wird in normalen Längeneinheiten angegeben. Statt der Wellenlänge des Lichtes kann die Frequenz, die Anzahl der Schwingungen pro Sekunde, angegeben werden. Beide Größen sind äquivalent, sie sind über die Ausbreitungsgeschwindigkeit des Lichtes, über die Lichtgeschwindigkeit, miteinander verknüpft: Frequenz $\times$ Wellenlänge = Lichtgeschwindigkeit.

Das in seine Farbbestandteile zerlegte Licht ist das „Spektrum". Die Wellenlängen des sichtbaren, für unser Auge empfindlichen Spektrums, sind zum Beispiel: 380–420 nm = violett, 450–480 nm = blau, 510–550 nm = grün, 570–590 nm = gelb, 590–610 nm = orange, 630–750 nm = rot.

Die Längenmaßabkürzung nm bedeutet Nanometer, das ist ein Milliardstel Meter. Der sichtbare Spektralbereich der Sonne erstreckt sich von 400 bis 700 Nanometer. Die Wellenlänge des sichtbaren Spektrums ist also etwas kleiner als 1/1000 Millimeter. Die Grenzen der Sichtbarkeit eines Spektrums hängen von der individuellen Farbempfindlichkeit des menschlichen Auges ab und davon, wie man eine solche Grenze definiert. Die maximale Empfindlichkeit des menschlichen Auges liegt bei etwa 560 nm, also im grün-gelben Bereich des Spektrums.

Der sichtbare Bereich des Sonnenspektrums umfaßt nur einen kleinen Teil des gesamten Spektrums. Auch Röntgenstrahlung geht von der Sonne aus, die mittlere Wellenlänge dafür beträgt etwa 0,1 Nanometer. Auf der anderen Seite des Spektrums befindet sich die solare Radiostrahlung, die an der Erdoberfläche im Bereich zwischen einigen Millimetern und etwa 30 Metern nachweisbar ist. Im Radiofrequenzbereich werden statt der Wellenlängen meist die Frequenzen angegeben: 1 mm Wellenlänge entspricht 300 000 MHz (Megahertz) = 300 GHz (Gigahertz), 30 m Wellenlänge entsprechen 10 MHz. Diese Frequenzbereiche sind hinlänglich aus der kommerziellen UKW- und Fernsehübertragung bekannt.

b) Spektrographen

Für den Empfang oder, besser, für den Nachweis des Spektrums in den verschiedenen Frequenz- oder Wellenlängenbereichen werden unterschiedliche Instrumente oder Geräte benötigt. Für den sichtbaren, ultravioletten und infraroten Spektralbereich werden Spektralapparate eingesetzt, die anwendungsorientiert verschiedene Art und Größe haben. Prismen und Beugungsgitter sind die Hauptelemente, die das Licht in ihr Spektrum zerlegen können. Spektralapparate, die an ihrem Ausgang das Spektrum fotografisch oder in anderer Form aufzeichnen, werden Spektrographen genannt. Bei einem Prisma wird die Brechung des Lichtes an der Übergangsfläche von Luft zu Glas oder Quarz ausgenutzt, um das Licht zu zerlegen,

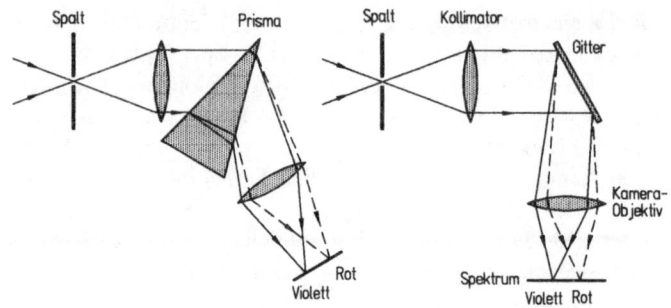

Abb. 8: Schematische Darstellungen eines Prismen- und eines
Gitterspektrographen

denn die Stärke der Brechung, der Brechungsindex, ist von der
Wellenlänge abhängig.

Die schematische Skizze eines Prismenspektrographen ist
Abbildung 8 zu entnehmen. Das zu untersuchende Licht fällt
auf den Eintrittsspalt des Spektrographen, der im Fokus des
Kollimatorobjektives positioniert ist. Das von dort austretende
parallele Licht fällt auf das Prisma, wo das blaue Licht stärker
gebrochen wird als das rote. Die verschiedenen Farben treten
unter verschiedenen Winkeln aus, und ein Kameraobjektiv erzeugt das Spektrum in der Fokalebene. Wie stark das Licht zer-
legt wird, wie weit die Farben auseinanderliegen, wie groß also
die Dispersion ist, hängt von den spezifischen Eigenschaften
des Spektrographen ab. Die Abbildung zeigt, daß die Dispersion mit wachsender Prismengröße und wachsender Kamera-
brennweite zunimmt. Darüber hinaus bestimmen das Material
und die Prismenwinkel die Dispersionseigenschaft des Spek-
tralapparates.

Das vereinfachte Schema eines Gitterspektrographen ist
ebenfalls in Abbildung 8 dargestellt. Das dispergierende Medium, d. h. das lichtzerlegende Objekt, ist hier ein Beugungsgitter, in der Abbildung ein Reflexionsgitter. In eine ebene Spiegel-
oberfläche sind parallele Furchen eingeritzt, die bewirken, daß
infolge der wellenlängenabhängigen Beugung das zurückfallen-
de Licht verschiedener Farben unter verschiedenen Winkeln

austritt. Der Abstand der Furchen zueinander, der genau konstant sein muß, bestimmt hier die Dispersion. Bei den üblichen Gittern finden wir 300 bis 1200 Furchen pro Millimeter; große Gitter haben eine Länge von 20 bis 40 Zentimeter. Insgesamt haben derartige Gitter also etwa 200 000 eingeritzte Furchen.

Für die quantitative Analyse des Lichtes ist bei allen Apparaten das spektrale Auflösungsvermögen wichtig: Es sagt aus, welche Wellenlängen gerade noch voneinander getrennt werden können.

Die Spektrographen der großen modernen Sonnenteleskope sind fast alle mit großen Gitterspektrographen ausgerüstet, Prismenspektrographen sind kaum noch im Gebrauch.

c) Schmalbandfilter

Neben der spektralen Zerlegung des Lichtes gewinnt die bildliche Analyse in einer ganz bestimmten Wellenlänge immer mehr an Bedeutung. So sind in jüngster Zeit „Farbfilter" entwickelt worden, die vom gesamten Spektrum nur einen winzigen Bruchteil herausfiltern, so daß man monochromatische Bilder der Sonne in einer ganz bestimmten Wellenlänge erhält. Die Durchlaßbreite dieser Filter beträgt nur noch etwa 0,005 Nanometer, also ein Zehntausendstel der Wellenlänge selbst. Darum kann von monochromatischen Filtern gesprochen werden. Andere Techniken erlauben eine noch stärkere Einengung der spektralen Durchlässigkeit; sie erreichen dabei fast das Auflösungsvermögen großer Spektrographen.

Beide Methoden der spektralen Untersuchung solarer Strukturen ergänzen sich vorteilhaft. Beim Einsatz von Spektrographen wird die volle spektrale Information entlang einer Linie auf der Sonne erhalten, da der Spektrographenspalt das ursprüngliche räumliche Bild eingrenzt. Nur das Licht entlang einer Linie kann von einem Spektrographen analysiert werden. Bei den Filtern dagegen erhält man die volle räumliche Information, jedoch nur für eine feste Wellenlänge. Räumliche Abtastung in einem Falle, spektrale Abtastung im anderen Falle sind in der Lage, die volle Information zur Verfügung zu stellen.

d) Sonnenteleskope

Wie moderne Sonnenteleskope aufgebaut sind, sei am Beispiel zweier deutscher Sonnenteleskope erläutert, die in den letzten Jahren in den Bergen von Teneriffa in Betrieb genommen wurden. Um die kleinsten solaren Strukturen untersuchen zu können, ist die Brennweite größer als 20 Meter, die Teleskopöffnung wegen der geforderten räumlichen Auflösung größer als 40 Zentimeter. Zur Minimierung lokaler atmosphärischer Störungen befindet sich die Eintrittsöffnung der Teleskope mehr als 20 Meter über dem Erdboden. Der stabile Aufbau der Spektrographen mit Brennweiten von über 10 Metern fordert ein feststehendes Sonnenbild in einem Laboratorium. Das optisch-mechanische System ist so ausgelegt, daß das Sonnenbild trotz der Bewegung der Sonne am Himmel auf den Spalt der feststehenden Spektrographen abgebildet wird.

Zwei verschiedene Wege sind auf Teneriffa beschritten worden. Im einem Fall, beim Gregory-Teleskop, wird das Spiegelteleskop der Bewegung der Sonne am Himmel nachgeführt, und ein Spiegelsystem, das sich hinter dem primären Brennpunkt des Teleskops befindet, bildet das Sonnenbild in das Laboratorium ab. Im anderen Fall, beim Vakuum-Turm-Teleskop, ist das Teleskop in einem Turm ortsfest montiert und ein Spiegelsystem, ein Coelostat, sorgt dafür, daß das Sonnenlicht in das Fernrohr umgelenkt wird. Im ersten Falle muß demnach das ganze Teleskop bewegt werden, im zweiten Falle nur ein großer Planspiegel. Beide Systeme haben Vor- und Nachteile.

Die relativ große Öffnung der Teleskope (45 und 70 cm) kann zu einer erheblichen Erwärmung von Teilen im Teleskop und zu Schlierenbildung führen, welche die optische Abbildungsgüte erheblich beeinflussen kann. Zur Vermeidung derartiger interner Störungen sind beide Teleskope evakuiert, planparallele Glasplatten schließen die Teleskope nach außen ab. Die Abbildungen 9 und 10 zeigen das Gregory-Teleskop in seiner Kuppel und eine Außenansicht des Vakuum-Turm-Teleskops Diese Instrumente wurden von Mitarbeitern der *Universitätssternwarte Göttingen* und des *Kiepenheuer-Instituts für*

Sonnenphysik in Freiburg gebaut und von ihnen technisch betreut. Wissenschaftler aus aller Welt arbeiten mit diesem Instrumentarium.

e) Beobachtungsstation Teneriffa

Warum wurden diese Instrumente gerade auf Teneriffa, einer der Kanarischen Inseln, errichtet? Die klassischen Observatorien des vorigen Jahrhunderts befanden sich, zumindest in Europa, am Rande der nationalen Hauptstädte oder sogar in deren Zentrum selbst. Die erste Sternwarte in Berlin wurde in der Dorotheenstraße errichtet (1711), eine spätere in der Lindenstraße, nahe dem Hallischen Tor (1835). Das *Observatoire de Paris* ist nicht weit vom *Jardin du Luxembourg* entfernt. Die Observatorien in London, Wien oder Madrid hatten vergleichbare Standorte.

Als die Observatorien im Laufe der Zeit weitgehend zugebaut wurden, entfernten sie sich von den Zentren, blieben aber immer noch in deren Nähe. Von Berlin zogen die Astronomen nach Potsdam und Babelsberg, von Paris nach Meudon. Die Nähe der großen Städte wurde gepflegt, nicht zuletzt wegen der Universitäten, die sich in ihnen befanden. Rasche Verkehrsverbindungen zu weit entfernten Orten fehlten.

Nach dem Zweiten Weltkrieg, als die internationale Zusammenarbeit immer mehr gepflegt wurde, die Verkehrsbedingungen sich zunehmend verbesserten, während die Verschmutzung der Atmosphäre in den Großstädten in unerträglichem Maße zunahm, war offenbar die Zeit gekommen, neue Beobachtungsstationen nur noch nach ihrer Qualität auszuwählen. So fanden sich 1968/69 die führenden europäischen Sonnenphysiker zusammen, um ein neues europäisches Zentrum für Sonnenbeobachtungen zu errichten. Sie gründeten JOSO, die *Joint Organization for Solar Observation*. Neben einer ausreichenden Zahl von klaren Sonnentagen mußte ein Ort mit minimaler Störung durch die Erdatmosphäre gefunden werden, wie sie sich für das bloße Auge im Flimmern der Sterne und der allgemeinen Unschärfe ferner Objekte bemerkbar macht.

Das Licht der Sterne und der Sonne, das die Erdatmosphäre durchsetzt, wird unterschiedlich gebrochen und führt sowohl zu Bildversetzungen als auch zu Bildunschärfen. Dieses atmosphärische Verhalten, das die Astronomen *seeing* nennen, ist rasch veränderlich und wegen der topographischen Struktur auf der Erdoberfläche örtlich sehr verschieden. Das *seeing* ist über großen Wasserflächen wegen seiner Homogenität geringer als über Landgebieten mit wechselnder Vegetation. Hohe Berge haben den Vorteil, daß ein merklicher Teil der Atmosphäre schon unter ihnen liegt. Die europäischen Sonnenphysiker haben in einer großen Kampagne über 40 Orte im Mittel-

Abb. 9: Das Gregory-Sonnenteleskop auf Teneriffa

meerraum von Griechenland bis Portugal getestet und fanden die Kanarischen Inseln besonders geeignet, 10mal besser als die alten deutschen Außenstellen Locarno (Schweiz) und Capri (Italien).

Im Bereich der Kanarischen Inseln ist die Hauptwindrichtung West bis Nordwest, der Wind kommt vom weitgehend störungsfreien offenen Meer, denn das nächste Festland ist der amerikanische Kontinent. Auf den Kanaren bildet sich in einer Höhe zwischen 1200 und 1700 Metern häufig eine Inversionsschicht, d.h. eine Wolkenschicht, aus, die lokale Störungen weitgehend unterdrückt. Diese guten Voraussetzungen führten dazu, daß neben den Sonnenphysikern auch europäische Stellarastronomen ein Observatorium errichteten, womit ein neues großes astronomisches Zentrum geschaffen wurde.

Die Bedingungen in den Bergen der Kanarischen Inseln – die Observatorien Izaña auf Teneriffa und Roque de los Muchachos auf La Palma liegen in einer Höhe von 2400 Meter – sind ähnlich denen auf Hawaii, wo ebenfalls große astronomische

Abb. 10: Das Vakuum-Turm-Teleskop auf Teneriffa

Instrumente installiert wurden, um immer weiter in die Tiefen des Raumes vorzudringen.

f) Beobachtungen außerhalb der Erdatmosphäre

Selbst an den Orten mit besten Sichtbedingungen kann der verfälschende Einfluß der Atmosphäre nur minimiert, nicht jedoch ausgeschaltet werden. Das ist nur möglich, wenn die Beobachtungen mit Instrumenten durchgeführt werden, die sich außerhalb der Erdatmosphäre befinden, von Höhenballonen, Raketen, Satelliten oder Raumstationen getragen. Doch die Vermeidung der *seeing*-Effekte ist nur von sekundärer Bedeutung in der Weltraumforschung.

Astronomische Beobachtungen außerhalb der Erdatmosphäre werden durchgeführt, um den kurzwelligen Teil des Spektrums kosmischer Objekte zu erforschen. Das ultraviolette Licht, die Röntgen- und Gammastrahlung können von der Erdoberfläche aus nicht beobachtet werden, denn Ozon, atomarer und molekularer Sauerstoff und Stickstoff absorbieren diese Strahlung.

Nachdem 1946 die ultraviolette Strahlung der Sonne erstmals direkt gemessen werden konnte, gelang es 1950 den Mitarbeitern des *Naval Research Laboratory* in Washington, das Sonnenspektrum im Ultravioletten bis zu 260 nm zu fotografieren; Träger für das fotografische Gerät war eine erbeutete V-2-Rakete. In der Folgezeit wurde die Nachweisgrenze immer weiter zu kürzeren Wellenlängen hin ausgedehnt. Das Hauptproblem bestand darin, Spektralapparate für diese Wellenlängenbereiche zu entwickeln und Detektoren zu finden, die UV-Strahlung registrieren können. Heute ist die Erforschung des kurzwelligen Teils des Sonnenspektrums fast ein Routineunternehmen, lediglich die Kosten bewegen sich in einer anderen Größenordnung als bei der erdgebundenen Forschung.

Zur störungsfreien Untersuchung der solaren Granulation im sichtbaren Spektralbereich haben Martin Schwarzschild und seine Mitarbeiter 1959 von einem Ballon in 27 km Höhe aus die Granulation und Sonnenflecken fotografiert und deren zeitliches Verhalten untersucht. 1975 gelang es Mitarbeitern des *Kiepenheuer-Instituts* in Freiburg, auch räumlich hochaufgelöste Spektrogramme der Sonnengranulation zu erhalten. Beide Gruppen arbeiteten mit Spiegelteleskopen von 30 cm Öffnung. Zwischenzeitlich wurde mit den Instrumenten auf Teneriffa eine noch höhere räumliche Auflösung erzielt, jedoch nicht über den Zeitraum von vielen Stunden. Versuche, ein großes Sonnenteleskop von etwa 1 Meter Öffnung auf eine Erdumlaufbahn zu bringen, sind trotz internationaler Zusammenarbeit bisher an den dafür notwendigen Kosten gescheitert.

g) Infrarotmessungen

Für die Messung der ultraroten Strahlung der Sonne ist es nicht immer notwendig, Satelliten oder Raketen einzusetzen. Zwar absorbiert der Wasserdampf weitgehend die infrarote Strahlung, aber im nahen Infrarot gibt es viele optische „Fenster", die es erlauben, auch von der Erdoberfläche aus zu beobachten.

Im Bereich der Radiostrahlung zwischen einigen Millimetern Wellenlänge und einigen zehn Metern sind die atmosphärisch bedingten Störungen relativ gering. Problematischer ist es, im Infrarot- und Radiobereich eine hinreichend gute räumliche Auflösung zu erhalten, denn sie ist von der benutzten Wellenlänge abhängig. Um eine gleich gute räumliche Auflösung zu erhalten, müßte ein Spiegeldurchmesser in dem gleichen Maße wachsen wie die Wellenlänge, d.h. vom optischen Bereich (0,5 μm) bis zum Radiobereich um das 100 000fache. Radiospiegel dieser Größenordnung hätten eine Größe von etwa 100 km; sie sind nicht herstellbar. Deshalb ist im allgemeinen eine mit optischen Mitteln erreichte räumliche Auflösung im Radiofrequenzbereich nicht möglich.

Erst der Einsatz großer interferometrischer Anlagen machte eine genaue Positionierung von Radioquellen möglich. Werden Radioteleskope zusammengeschaltet, die auf verschiedenen Kontinenten arbeiten, dann wird sogar das optisch mögliche Auflösungsvermögen weit überschritten.

h) Aktive Optik

In der jüngsten Zeit wird in zunehmendem Maße versucht, die störenden atmosphärischen *seeing*-Effekte im Instrument selbst zu beseitigen bzw. erheblich zu verringern. Der Einsatz moderner Techniken und schneller Rechner macht dies möglich, während der Beobachtung wird aktiv in die abbildende Optik eingegriffen. Spiegel werden beweglich angeordnet, oder verschiedene Bereiche eines abbildenden Systems werden verschieden deformiert. Auf diesen oder analogen Wegen wird erreicht, daß ein Stern stets an der gleichen Stelle mit gleicher Bildqualität untersucht werden kann.

Für die Referenzbilder, die bei dieser Technik benötigt werden, werden bei der Sonne die Granulation, der Sonnenrand oder die Sonnenflecken benutzt. Da sich die atmosphärischen Bedingungen sehr rasch ändern können und nach einer Hundertstelsekunde das Bild ganz anders aussehen kann, müssen Datenerfassung, Datenbearbeitung und die Reaktion darauf extrem schnell erfolgen; das erfordert den Einsatz neuester Technologie. Es gibt aber auch die Möglichkeit, die auf normalem Wege erhaltene Information später im Rechner zu bearbei-

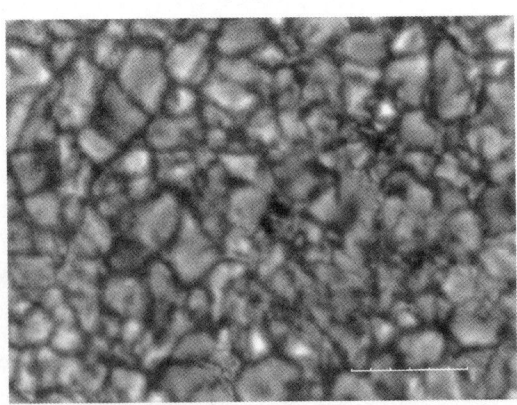

Abb. 11: Die Sonnengranulation nach der Rekonstruktion.
Die Skaleneinheit beträgt eine Bogensekunde

ten. Ein durch Rekonstruktion errechnetes Bild der Granulation zeigt Abbildung 11. Das ist der Weg der zukünftigen, bodengebundenen Sonnenforschung. Das international geplante 2,4-Meter-Teleskop für Sonnenbeobachtungen *Large Earthbased Solar Telescope* (LEST) soll solche Techniken benutzen, um die höchste räumliche Auflösung zu erzielen.

6. Der innere Aufbau der Sonne

Auf den ersten Blick erscheint es hoffnungslos, etwas über das Innere der Sonne erfahren zu wollen; schließlich ist es nicht möglich, direkt in das Sonneninnere hineinzuschauen, selbst nicht mit den größten Teleskopen und bei Anwendung bester Technologie.

Bekannt sind die Zustandsgrößen der Sonne, vorgegeben sind einige auf die Sonne anzuwendende, allgemein gültige physikalische Gesetze, bekannt sind gewisse Eigenschaften der Materie. Die Ableitung des Modells einer „richtigen" Sonne ist die mit diesen Kenntnissen zu lösende Aufgabe. Da die Sonne ein Stern unter vielen ist, ist diese Aufgabe gleichzusetzen mit der, den inneren Aufbau eines Sternes schlechthin zu berechnen.

Für die Mehrzahl aller Sterne und auch für die Sonne erweist es sich als mathematisch besonders vorteilhaft, daß Wirkungen einer raschen Rotation und starker Magnetfelder klein sind, so daß sie sich nicht auf die stellare Konfiguration auswirken. Da der Zustand der Sonne über lange Zeiten hinweg als unveränderlich angesehen werden kann, muß im Stern selbst an jeder Stelle ein *mechanisches Gleichgewicht* herrschen. Überall muß demnach der Druck des Gases der Schwerkraft der darüberliegenden Materie das Gleichgewicht halten.

Die *Massenerhaltung* ist ebenfalls ein physikalisches Gesetz. Ihm zufolge darf die Sonne weder einen Massenverlust erleiden noch darf sich ihre Masse vergrößern.

Schon diese beiden Erkenntnisse führen zu ersten Aussagen über das sonst unbekannte Sonneninnere. Mit den vereinfachenden Annahmen, daß der Gasdruck an der Oberfläche im Vergleich zu dem im Sonnenzentrum klein ist und daß im ganzen Sonnenkörper eine konstante Dichte herrscht, errechnet sich ein zentraler Gasdruck. Etwa 10 Milliarden Atmosphären beträgt demnach der Druck im Sonnenzentrum, die Temperatur etwa 20 Millionen Grad. (Genauere Sonnenmodelle ergeben für den Zentraldruck etwa 200 Milliarden Atmosphären und etwa 15 Millionen Grad für die Temperatur.) Diese extrem grobe Abschätzung demonstriert, daß es selbst bei Unkenntnis der Energieerzeugung im Sonneninneren möglich ist, annäherungsweise etwas über den Sternaufbau auszusagen.

Energieerzeugung und *Energietransport* spielen im Sterninneren eine große Rolle. An der Oberfläche der Sterne kann nur jene Energie abgestrahlt werden, die im Inneren erzeugt wurde. Die Energieerzeugungsrate, abhängig vom Radius, ist direkt mit der Leuchtkraft des Sterns verknüpft, Energieerzeugung und Abstrahlung müssen sich das Gleichgewicht halten. In welcher Form die erzeugte Energie nach außen transportiert wird, ist vom Temperaturgradienten im Stern abhängig. Drei Möglichkeiten stehen zur Verfügung: Wärmeleitung, Strahlung und Konvektion.

Wärmeleitung kommt als Transportmechanismus nicht in Frage, da sie an sehr starke Temperaturgradienten gebunden ist, die im Sterninneren nicht auftreten. Welcher der beiden anderen Transportmechanismen wirksam ist, muß von Fall zu Fall untersucht werden.

Beim Energietransport durch *Strahlung* wird von Atomen Energie emittiert, von anderen absorbiert und wieder emittiert. Durch einen solchen oder äquivalenten Prozeß wird Energie nach außen transportiert. Bis die im Inneren der Sonne erzeugte Energie an die Oberfläche gelangt, vergehen mehr als eine Million Jahre. Als Folge der laufenden Absorptions- und Emissionsprozesse wird die Strahlung nicht auf dem kürzesten Weg nach außen transportiert, denn die Energieemission eines Atoms erfolgt isotrop in alle Richtungen, so daß eine gewisse Zeit vergeht, ehe der Nettoenergiestrom nach außen gelangt. Die Berechnung des Energietransports durch Strahlung ist abhängig von der Kenntnis des Absorptionsvermögens der stellaren Materie.

Bei der *Konvektion* übernimmt eine aufsteigende und absinkende Materie den Energietransport nach außen. Wärmere Materieballen steigen entgegen der Gravitation auf, kühlere sinken wieder ab. Dieser Prozeß ist von erhitztem Wasser oder Öl hinreichend bekannt, ebenso von den Vorgängen in der Erdatmosphäre, z. B. der Bildung von Kumuliwolken. Ein Energietransport durch Konvektion findet insbesondere dann statt, wenn der Temperaturgradient im Stern besonders klein ist. Ob der Energietransport durch Strahlung oder Konvektion erfolgt, muß bei der Berechnung von Sternmodellen immer wieder geprüft werden. Abhängig ist der konvektive Energietransport von speziellen Materieeigenschaften, die angeben, wieviel Wärme jeweils für eine bestimmte Temperaturänderung benötigt wird.

Bei Kenntnis der Eigenschaften der Materie ist es möglich, die wichtigsten Größen, die den inneren Aufbau der Sonne bestimmen, zu berechnen, nämlich die Verteilung von Druck, Temperatur, Masse und Leuchtkraft entlang des Sonnenradius. Für eine bestimmte Masse, hier die Sonnenmasse, gibt es nur eine Konfiguration für den inneren Aufbau des Sterns. Die Materialeigenschaften selbst sind von Druck und Temperatur, aber auch von der chemischen Zusammensetzung der solaren Materie abhängig.

Von besonderer Bedeutung ist die Kenntnis der Energieerzeugungsrate, die selbst von den Zuständen im Sonneninneren abhängig ist. Erst die genaue Kenntnis der Energieerzeugung macht es möglich, ein genaues Modell für das Sonneninnere zu berechnen, wobei große Rechenanlagen zwingend notwendig sind.

Schon zu Beginn dieses Jahrhunderts wurde von Robert Emden das Problem des inneren Aufbaus von Sternen erfolgreich diskutiert. Die Berücksichtigung des mechanischen Gleichgewichtes bei der Annahme eines konvektiven Energietransportes führte zu ersten aufschlußreichen Erkenntnissen über den Sternaufbau. Ohne Kenntnis der wahren Energiequellen, aber mit Berücksichtigung des Energietransportes durch Strahlung, gelang es Arthur Stanley Eddington 1926, Sternmodelle zu berechnen, die auch heute noch erwähnenswert sind.

Die großen Fortschritte der letzten Jahrzehnte sind, neben dem Einsatz großer Rechenanlagen, der immer besseren Kenntnis über die Energiequellen, aber auch über das Absorptionsvermögen der stellaren Materie zu verdanken.

a) Energieerzeugung

Will man die Energiequellen der Sonne finden, die es ihr er-
möglichen, die abgestrahlte Energie auch zu erzeugen, ist nicht
nur die enorme Menge der Sonnenenergie von Bedeutung, sondern es muß auch die lange Zeit berücksichtigt werden, über
die die Sonne ihre Strahlung nahezu unverändert in den Raum
emittiert. Die genauen Meßmethoden der Geologen haben ergeben, daß die Sonne seit der Entstehung der Erde vor 4,6 Milliarden Jahren ihre Leuchtkraft nicht wesentlich verändert hat.
Da die Sonne mindestens so alt sein muß wie die Erde, müssen
die Energiequellen der Sonne in der Lage sein, ihre Energiepro-
duktion über Jahrmilliarden zu decken.

Chemische und mechanische Energiequellen reichen zur Erklärung nicht aus. Der gesamte Energieinhalt der Sonne
könnte den Bedarf zwar für etwa 10 Millionen Jahre decken,
wird aber für die Existenz des Sternes selbst benötigt. Für etwa
30 Millionen Jahre würde die Energie ausreichen, die freigesetzt werden kann, wenn die Sonne permanent kontrahiert.
Für gewisse Stadien in der Sternentwicklung ist diese Energiequelle durchaus von Bedeutung.

Es gilt heute als sicher, daß die Kernenergie die wesentlichste
Energiequelle der Sonne ist. Schon 1920 haben Arthur Stanley
Eddington und seine Mitarbeiter in Erwägung gezogen, daß
bei der Umwandlung von Elementen nukleare Energie in einer
Menge freigesetzt werden könne, die ausreicht, um die Strah-
lung der Sterne über lange Zeiträume zu nähren.

Im Rahmen seiner speziellen Relativitätstheorie hat Albert
Einstein 1905 eine Relation entdeckt, die besagt, daß Masse
und Energie äquivalent sind. Danach ist die Energie gleich der
Masse multipliziert mit dem Quadrat der Lichtgeschwindigkeit: $E = m \times c^2$.

Wenn bei Kernumwandlungen der Endzustand eine andere
Masse aufweist als der Anfangszustand, dann wird die entsprechende Massendifferenz als Energie freigesetzt. Der Aufbau eines Heliumatomes aus vier Wasserstoffatomen ist der entscheidende Prozeß zur Energiegewinnung im Sonneninneren. Ein

Wasserstoffatom besteht aus einem Proton als Kernsubstanz und einem Hüllenelektron; ein Heliumatom aus vier Kernbestandteilen, nämlich zwei Protonen, zwei Neutronen und zwei Hüllenelektronen.

Wie sieht es mit der Massenbilanz aus, wenn vier Wasserstoffatome zu einem Heliumatom verschmelzen? Als Masseneinheit wird nicht das Kilogramm, sondern die Atomgewichtseinheit benutzt. Die Masse eines Wasserstoffatoms beträgt 1,008145 Atomgewichtseinheiten, die von vier Wasserstoffatomen $4 \times 1,008145 = 4,03258$ Atomgewichtseinheiten. Die Masse eines Heliumatoms dagegen beträgt nur 4,00387 Atomgewichtseinheiten. Bei der Fusion von vier Wasserstoffatomen zu einem Heliumatom wird die Masse von $4,03258 - 4,00387 = 0,02871$ Atomgewichtseinheiten frei und in Energie transformiert. Dabei ist es gleichgültig, auf welchem Wege diese Kernfusion stattfindet, d.h. welche Prozesse im einzelnen dabei ablaufen; es müssen nur die physikalischen Bedingungen dafür vorhanden sein.

Nach dieser Massenbilanz ist ein Heliumatom etwa 1 % leichter als die Materie, aus der es entstand. Bei der Umwandlung von 1 kg Wasserstoff in 1 kg Helium werden nach der Einsteinschen Gleichung 250 Millionen Kilowattstunden an Energie erzeugt. Wenn vom gesamten Wasserstoffgehalt der Sonne nur etwa 10 % in Helium umgewandelt werden, dann wird soviel Energie frei, daß der Energiebedarf der Sonne für etwa 15 Milliarden Jahre gedeckt werden kann. Im Sonneninneren werden dann in jeder Sekunde 400 Millionen Tonnen Wasserstoff zu Helium „verbrannt", und in jeder Sekunde wird die Sonne um 4 Millionen Tonnen leichter. Trotzdem beträgt der Massenverlust der Sonne über einen Zeitraum von 15 Milliarden Jahren nur etwa 1 Promille der Gesamtmasse. Das besagt, daß die Masse der Sonne auch in kosmischen Zeitskalen als konstant angesehen werden kann.

b) Modell der Sonne

Sind die solaren Zustandsgrößen, die chemische Zusammensetzung, die Materialeigenschaften der Materie und die physikalischen Prozesse bei der Energieerzeugung bekannt, läßt sich ein Modell der Sonne angeben; in den beiden Diagrammen der Abbildung 12 sind einige Werte eingetragen. Zugrunde liegt die Annahme, daß die Sonne ihre Energie bereits seit 4,6 Milliarden Jahren abstrahlt und daß sich die Sonne auch in dieser Zeit entwickelt hat, was sich deutlich in der Veränderung des Wasserstoffgehaltes in den solaren Kerngebieten zeigt. Der Ur-

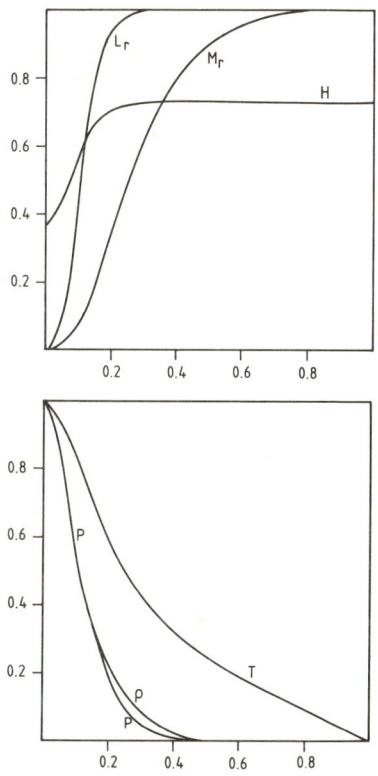

Abb. 12: Die Variation von Leuchtkraft L_r, Masse M_r, Wasserstoffgehalt H, Temperatur T, Druck P und Dichte ϱ entlang des Sonnenradius in relativen Einheiten. Zentraldruck: 237 Milliarden Atmosphären, Zentraldichte: 153 Gramm pro Kubikzentimeter, Zentraltemperatur: 15,4 Millionen Grad Kelvin

sprungsgehalt des Wasserstoffs betrug danach 73 % der Sonnenmasse, der des Heliums 25 %, und 2 % entfallen auf alle anderen Elemente. Wie dem Diagramm zu entnehmen ist, ist der Wasserstoffgehalt in den äußeren Bereichen der Sonne unverändert konstant, doch im Mittelpunkt der Sonne ist er im Laufe der Entwicklung bereits auf etwa die Hälfte des ursprünglichen Wertes gesunken. Sowohl am Verlauf des Wasserstoffgehaltes als auch an dem der Leuchtkraft ist klar erkennbar, daß sich der Bereich, in dem die Energieerzeugung stattfindet, auf die innersten 30 % des Radius beschränkt, allerdings sind 50 % der Masse daran beteiligt.

Druck und Dichte verlaufen weitgehend parallel; es ist bemerkenswert, daß beide bereits bei etwa 12 % des Radius auf die Hälfte ihres zentralen Wertes abgesunken sind. Die Abnahme der Temperatur erfolgt dagegen wesentlich langsamer.

Im zentralen Teil der Sonne findet der Energietransport durch Strahlung statt, in den äußeren Schichten, etwa ab 75 % des Sonnenradius, übernimmt die Konvektion den Energietransport. Ursache dafür ist vor allem die atomare Konfigurationsänderung des Wasserstoffatoms. In den tieferen solaren Schichten ist das Wasserstoffatom seines Elektrons beraubt, es ist ionisiert. Mit nach außen abnehmender Dichte und Temperatur kann das Elektron sich wieder an den Atomkern anlagern. Es entstehen somit wieder neutrale Wasserstoffatome. Die dabei gewonnene Energie führt dazu, daß in diesen Schichten die Konvektion den Energietransport übernimmt. Dieses solare Gebiet heißt entsprechend Wasserstoffkonvektionszone.

Die Materiebewegungen in der Konvektionszone haben mittlere Geschwindigkeiten von etwa 300 Metern pro Sekunde, sie sind in tieferen Schichten kleiner, in den äußeren Schichten können dagegen bis zu 2 km/sec auftreten. In den alleräußersten Schichten, wo der Wasserstoff wieder in reiner atomarer Form auftritt und die der direkten Beobachtung zugänglich sind, übernimmt wieder die Strahlung den Energietransport. Diese äußersten Schichten der Konvektionszone sind noch deutlich in der Sonnengranulation nachzuweisen. Die heißen aufsteigenden und kühlen absinkenden Materievolumina in der beobachtbaren Photosphäre geben wichtige Hinweise für das detaillierte Verständnis der physikalischen Prozesse in der Konvektionszone.

c) Solare Neutrinos

Bis vor etwa 20 Jahren bestand wenig Hoffnung, die berechneten Größen für das Sonneninnere auf experimentellem Wege jemals nachprüfen zu können. Zwischenzeitlich sind zwei Methoden entwickelt worden, die es erlauben, die Aussagen über das Sonneninnere zu testen: das Neutrinoexperiment und die Helioseismologie.

Bei der Umwandlung von Wasserstoff in Helium wird nicht nur Energie, sondern es werden auch besondere Teilchen erzeugt, die Neutrinos. Diese Neutrinos wurden 1933 von Wolfgang Pauli postuliert, um bei kernphysikalischen Experimenten vertraute physikalische Gesetze nicht aufgeben zu müssen; 1953 wurden Neutrinos experimentell nachgewiesen. Neutrinos sind masselos – oder haben eine extrem kleine Masse –, haben keine elektrische Ladung und zeichnen sich durch eine außerordentlich kleine Wechselwirkungsneigung mit anderer Materie aus.

Zum Verständnis der Experimente, mit denen solare Neutrinos auf der Erde nachzuweisen sind, ist es notwendig, die möglichen Kernreaktionen zu betrachten. Es gibt zwei Zyklen zum Aufbau des Heliums aus Wasserstoff: den Proton-Proton-Zyklus und den Bethe-Weizsäcker-Zyklus. Letzterer wurde von H. A. Bethe und C. F. von Weizsäcker 1938/39 zur Erklärung der Energieerzeugung in den Sternen vorgeschlagen. Bei diesem Prozeß sind neben den Wasserstoffatomen auch Kohlenstoff, Stickstoff und Sauerstoff beteiligt, die aber am Ende der Reaktionen, wenn sich das Helium aus dem Wasserstoff aufgebaut hat, unbeschadet aus dem Prozeß hervorgehen. Der CNO-Zyklus ist jedoch für die Energieerzeugung in der Sonne von untergeordneter Bedeutung, sein Anteil beträgt nur etwa ein Prozent. In Sternen mit zunehmender Zentralsterntemperatur gewinnt er jedoch immer mehr an Bedeutung.

Im Inneren der Sonne ist der Proton-Proton-Zyklus dominierend. Bei den einzelnen Reaktionen werden auch Lithium-, Beryllium- und Borkerne erzeugt, die schließlich in reine Heliumkerne verwandelt werden. Bei einigen der Reaktionen, bei denen aus Wasserstoffkernen Heliumkerne werden, werden auch Neutrinos erzeugt. Im Gesamtkomplex des Proton-Proton-Zyklus gibt es vier Reaktionen, in deren Verlauf Neutrinos erzeugt werden, die eine unterschiedliche Energie mit sich tragen. Ihr Energieanteil beträgt nur etwa 2 % der durch die Kernumwandlung erzeugten Energie. Der Hauptanteil der insgesamt erzeugten Energie wird als Strahlung nach außen transportiert – bei den im Sonnenkern herrschenden Temperaturen als Röntgenstrahlung.

Wegen ihrer geringen Wechselwirkungsfähigkeit können die Neutrinos die Sonne ungehindert und momentan verlassen. Der Nachweis solarer Neutrinos auf der Erde ist äußerst schwierig. Es können nur solche Neutrinos nachgewiesen werden, deren Energie einen Mindestwert überschreitet.

Seit etwas mehr als 20 Jahren ist es möglich, solare Neutrinos auf der Erde regelmäßig zu messen. In einer alten Goldmine in Süd-Dakota, 1500 Meter unterhalb der Erdoberfläche, führen Raymond Davis und seine Mitarbeiter das sogenannte Chlorexperiment durch. Bei diesem Experiment wird ein Chloratom, das von einem Neutrino getroffen wird, in ein Argonatom umgewandelt, wobei ein Elektron frei wird. Da die Neutrinos sehr selten mit anderer Materie wechselwirken, müssen zum Nachweis der Neutrinos sehr viele Chloratome zur Verfügung stehen. Ein 400 Kubikmeter großer Tank enthält 610 Tonnen Perchloräthylen, ein Reinigungsmittel. Der tiefe Schacht der Goldmine schließt Störeffekte weitgehend aus.

Das Perchloräthylen wird längere Zeit der Neutrinostrahlung ausgesetzt, und die neu erzeugten Argonatome werden herausgefiltert – innerhalb einer Woche entstehen nur wenige Argonatome. Als Meßgröße wurde eine besondere Einheit definiert, die *Solar Neutrino Unit* (SNU). 1 SNU entspricht einer Neutrinoreaktion pro Sekunde bei Anwesenheit von 10^{36} Atomen. Für Davis' Chlorexperiment bedeutet das, daß in dem 400 000-Liter-Tank in 11,5 Tagen ein einziges Argonatom erzeugt wird, wenn die Meßrate 1 SNU beträgt.

Bei Davis' Chlorexperiment können nur energiereichere Neutrinos nachgewiesen werden. Solare Reaktionen mit Neutrinoemission tragen demzufolge unterschiedlich stark zum Nachweis der Neutrinos bei. Das beschriebene Sonnenmodell läßt für das Chlorexperiment 6,6 SNU erwarten. Die auf der Sonne häufigste Reaktion mit Neutrinoemission spielt dabei keine Rolle; eine sehr seltene Reaktion, die jedoch sehr temperaturempfindlich ist, liefert dagegen den Hauptbeitrag.

Die Meßergebnisse über die letzten 20 Jahre hinweg ergeben eine wesentlich geringere Rate, nämlich nur 2,1 SNU. Selbst bei großzügiger Betrachtung aller möglichen Meß- und Rechenfehler, kann diese Diskrepanz nicht wegdiskutiert werden. Das solare Standardmodell ist folglich nicht in der Lage, die Meßwerte, die nur ein Drittel der erwarteten betragen, zu erklären. Diesen Sachverhalt nennt man das „Solare Neutrinoproblem".

Es hat nicht an Vorschlägen gefehlt, diese Diskrepanz verständlich zu machen. Zwei Deutungsversuche drängen sich auf: Entweder ist das Sonnenmodell korrekturbedürftig, oder unsere Kenntnisse über die Neutrinophysik sind noch unvollständig. Im ersteren Falle müßte zur Verringerung der Neutrinoemission die Zentraltemperatur der Sonne herabgesetzt werden, denn die meisten Neutrinos stammen aus temperaturempfindlichen Reaktionen, die nur wenig zur gesamten Energieerzeugung beitragen. Im zweiten Falle wäre in Betracht zu ziehen, daß es verschiedene Arten von Neutrinos gibt, die nicht alle vom Chlorexperiment erfaßt werden können. Das führt zur Annahme einer endlichen Neutrinomasse, die möglicherweise schon in einigen physikalischen Experimenten nachgewiesen wurde.

Bei solchen Unsicherheiten ist ein zweites, gerade angelaufenes Experiment zur Messung solarer Neutrinos von grundsätzlicher Bedeutung: das Gallex-Experiment. In seinem Rahmen wird Gallium bei der Wechselwirkung mit Neutrinos in Germanium umgewandelt, wieder unter zusätzlicher Emission von Elektronen. Das Experiment, das Wissenschaftler aus verschiedenen europäischen Ländern im Gran-Sasso-Gebiet in den Apenninen ausgeführt haben, hat den großen Vorteil, daß auch energieärmere Neutrinos gemessen werden können. Ausgehend vom solaren Standardmodell, werden hier 124 SNU erwartet, wobei die Hauptreaktionen der solaren Energieerzeugung auch den Hauptbeitrag zur Neutrinoemission liefern sollen. Die Reaktion, für die das Chlorexperiment völlig unempfindlich ist, liefert im Gallex-Experiment knapp 60 % aller Neutrinos.

Die Meßergebnisse der ersten zwei Jahre zeigen geringere Werte als erwartet, die Diskrepanz ist allerdings kleiner: Gemessen werden 87 SNU mit einem möglichen Fehler von etwa 10 %. Das in Rußland durchgeführte Experiment SAGA ergibt einen Wert von 85 SNU, aber mit größerer statistischer Fehlermöglichkeit.

Von Bedeutung beim Galliumexperiment ist, daß hier zweifelsfrei Neutrinos aus dem Hauptzweig der solaren Energieerzeugung gemessen werden, so daß die grundsätzliche Richtigkeit der Vorstellung über die solare Energiequelle auf experimentellem Wege bestätigt wird. Die Ursache für das Fehlen von etwa 30 % der erwarteten Neutrinos ist im Augenblick ebenso unklar wie der Grund für die weit größere Diskrepanz beim Chlorexperiment. Zur Klärung sind weitere Experimente zur Messung solarer Neutrinos in Vorbereitung. Die Lösung des Problems ist nicht nur für die Sonnenphysik von Bedeutung, auch andere Zweige der Astrophysik, z. B. die Kosmologie, erwarten die Klärung.

d) Oszillation und Helioseismologie

Die durch Kernfusion im Sonneninneren erzeugte Energie wird im Zentralbereich der Sonne durch Strahlung, in den äußeren Schichten durch Konvektion an die Oberfläche transportiert, wo sie in den Weltenraum abgestrahlt wird. Die Granulation der Sonnenoberfläche belegt das in deutlicher Weise. Als Ergebnis der immer genaueren und feineren Meßmethoden wurde in den 60er Jahren festgestellt, daß die granularen Geschwindigkeiten nicht die einzigen sind, die sich in der Wellenlängenverschiebung der Spektrallinien bemerkbar machen. In der Fläche beträchtlich größere Gebiete als die Granulationselemente führen systematische Bewegungen aus, die einen oszillatorischen Charakter aufweisen.

Beobachtet man eine feste Stelle auf der Sonne, so findet man ein quasiperiodisches Verhalten. Die mittlere Periode dieser Bewegungen beträgt etwa 5 Minuten. Das quasiperiodische Verhalten ist jedoch nicht von Dauer; nach einigen Perioden klingt die Bewegung ab und setzt später in ähnlicher Form wieder ein. Andere Stellen auf der Sonne zeigen ein analoges Verhalten, die Schwingungen finden überall auf der Sonne statt. Diese solare Oszillation, die einen systematischen Charakter trägt, ist der Granulation überlagert.

Die Perioden der solaren Oszillation können merklich von den durchschnittlich fünf Minuten abweichen, vier oder sechs Minuten sind keine Seltenheit. Die Geschwindigkeitsamplituden können 0,5 bis 1 km/sec betragen, sind also von der gleichen Größenordnung wie die der Granulation. Die Größe der Gebiete, die derartige Schwingungen ausführen, variieren in weiten Grenzen. 10 000 km sind ein guter Mittelwert, aber auch 3000 km oder 30 000 km sind keine seltenen Dimensionen. Da bei der Granulation die Geschwindigkeiten nicht viel größer, die Ausdehnungen nicht viel kleiner sind, ist es oft sehr schwierig, granulare und oszillatorische Geschwindigkeiten voneinander zu trennen.

Die simultane Vermessung eines großen Gebietes der Sonnenoberfläche hat eine äußerst wichtige Gesetzmäßigkeit zutage gefördert. Die Anwendung mathematisch-statistischer Methoden machte es möglich, gleichzeitig nach vorhandenen Perioden der Schwingung und nach der Größe der auftretenden „Elemente" zu suchen. Dabei machte 1975 Franz-Ludwig Deubner in Freiburg die Entdeckung, daß nicht alle Kombinationen von Perioden und Größen auftreten. Zu bestimmten Größen gehören ganz bestimmte Perioden, oder, was dasselbe

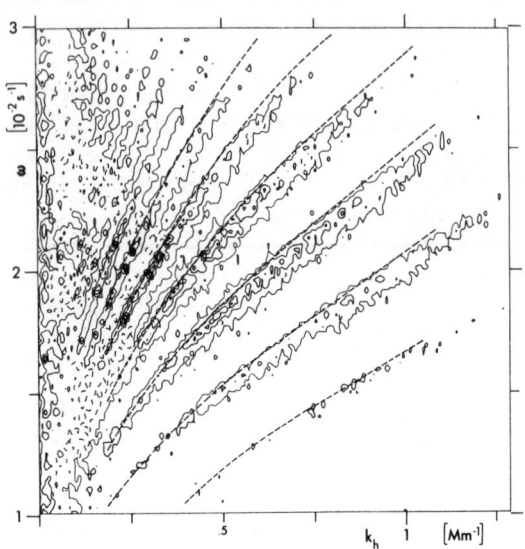

Abb. 13: Perioden-Größen-Diagramm der Oszillationen. k_h steht für die Größe der Strukturen ($k_h = 2\pi/L$, L ist die horizontale Länge in Einheiten von 1000 km), ω steht für die zeitliche Periode ($\omega = 2\pi/T$, T ist die Zeit in Einheiten von Sekunden)

ist, bestimmte Perioden treten nur bei ganz bestimmten Elementengrößen auf. Ein derartiges Diagramm zeigt Abbildung 13, es ist der Schlüssel für das Verständnis des komplexen Verhaltens der solaren 5-Minuten-Oszillation.

Das Perioden-Größen-Diagramm ist das Ergebnis von nicht-radialen Schwingungen eines Sterns, also auch der Sonne. Von manchen veränderlichen Sternen her ist das Pulsieren ganzer Sterne bekannt. Alle Gebiete des Sterns mit gleichem Abstand vom Zentrum zeigen das gleiche Verhalten, nämlich radiale Oszillationen. Zeigen verschiedene Stellen mit gleichem Abstand vom Sternzentrum ein unterschiedliches Verhalten, dann sind nichtradiale Oszillationen gegeben. Das ist bei der Sonne der Fall. An der Oberfläche, aber auch im Sonneninneren, wechseln die Geschwindigkeitsrichtungen, wie es Abbildung 14 zeigt. Die Größe der Elemente, bzw. die

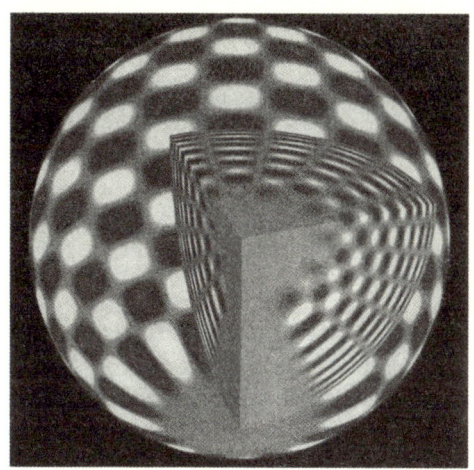

Abb. 14: Das Schwingungsmuster der solaren Oszillation

räumliche Periode der Schwingungsmuster, kann sehr unterschiedlich sein. Was auf der Sonnenoberfläche beobachtet wird, ist die Überlagerung tausender solcher Schwingungsmuster.

Die Geschwindigkeitsamplituden der einzelnen Muster betragen nur wenige cm/sec, erst die Überlagerung der vielen einzelnen Muster läßt Geschwindigkeiten von einigen hundert Metern pro Sekunde beobachten. Die theoretische Behandlung des Problems der Schwingung eines ganzen Sonnenkörpers führt genau zu dem Diagramm, das in Abb. 13 wiedergegeben ist. Es stützt sich auf die Kenntnis des Sonnenmodells, das Temperatur, Druck, Dichte und andere Größen in Abhängigkeit vom Radius als bekannt voraussetzt. Umgekehrt heißt dies: Aus der Lage der „Äste" im Diagramm kann auf die Richtigkeit bzw. auf die Korrekturbedürftigkeit des Sonnenmodells geschlossen werden.

Um die Beobachtungen mit den Berechnungen in Übereinstimmung zu bringen, mußten nach der Entdeckung der Oszillationen auf der Sonne leichte Korrekturen am Sonnenmodell angebracht werden: Die Schichten, in denen Energie durch Konvektion transportiert wird, erwiesen sich ausgedehnter als ursprünglich angenommen.

Die Sonne als Gasball ist ein physikalisches System mit Schwingungen, in dem Schwankungen von Temperatur, Druck, Dichte und dgl. vorhanden sind. Es kommt dabei auch zur Ausbildung von Schallwellen. Schallwellen haben die Eigenschaft, je nach ihrer räumlichen Periode verschieden tief in das Sonneninnere eindringen zu können. Bei gleicher zeitlicher Periode können längere Wellen tiefer in das Sonneninnere eindringen als kürzere. Das räumlich-zeitliche Verhalten der Wellen aber gibt Aufschluß über die Struktur des Sonneninneren.

Die zentralen Bereiche des Sonneninneren können nur von den längsten Wellen erreicht werden, von Wellen also, die an der Oberfläche einem Muster mit sehr großer Maschenweite entsprechen. Zur Beobachtung dieser Wellen, deren Wellenlänge von der Größenordnung des Sonnenradius selbst ist, wird das Schwingungsverhalten der Sonne als Ganzes untersucht. Dabei werden die Wellen, die kleineren Gebieten entsprechen, nicht mehr beobachtet. Betrachtet man die ganze Sonne wie einen Stern, dann hat die Überlagerung der Schwingungen von den verschiedensten räumlichen Gebieten zur Folge, daß die Signale der kleineren Gebiete nicht mehr wahrnehmbar sind. Zeigen tausend Gebiete ein positives, tausend andere Gebiete ein negatives Signal, dann ergibt sich im Mittel kein von Null verschiedenes Signal.

Wird die ganze Sonne wie ein Stern auf Schwingungen hin untersucht, d.h. eine Analyse ihrer globalen Oszillationen vorgenommen, kann nicht mehr das räumliche, sondern nur noch das zeitliche Verhalten untersucht werden. Will man aus dem zeitlichen Verhalten auch auf das räumliche schließen, müssen die zeitlichen Frequenzen sehr genau bestimmt werden; lange Beobachtungsreihen sind notwendig. Um die Beobachtungszeit über mehr als einen halben Tag ausdehnen zu können, sind Beobachtungen in der Antarktis durchgeführt worden, wo die Sonne im südlichen Sommer nicht untergeht. Es sind auch mehrere Stationen auf der Erde zusammengeschaltet worden,

z. B. Teneriffa und Hawaii. Der Aufbau neuer großer Beobachtungsnetze, über die ganze Erdoberfläche verteilt, ist weitgehend abgeschlossen. Mit dem Sonnensatelliten *Solar and Heliospheric Observatory* (SOHO) sollen die globalen Oszillationen über längere Zeiten verfolgt werden. Der Start von SOHO ist für 1995 vorgesehen.

Mit den bislang durchgeführten langen Meßreihen ist es gelungen, räumlich lange Perioden nachzuweisen und zeitliche Perioden sehr genau festzulegen; sie liegen im 5-Minuten-Bereich. Die Genauigkeit der Bestimmung der zeitlichen Perioden liegt bei etwa 0,01%, die Amplituden der gemessenen Geschwindigkeit betragen etwa 10 cm/sec. Die Genauigkeit der Beobachtungen hat ein solches Maß erreicht, daß der Einfluß der Sonnenrotation auf die Perioden der nichtradialen Schwingungen berücksichtigt werden muß. Oder, wenn man das Problem umkehrt: Die gemessenen Perioden erlauben es, die Rotationsgeschwindigkeit der Sonne im Inneren zu bestimmen. Für die äußeren 70% des Sonnenradius ist die Winkelgeschwindigkeit innerhalb von 10% konstant. Für den Kernbereich der Sonne, die inneren 30% des Sonnenradius, beträgt die Abweichung von der starren Rotation bis zu 50%. Im innersten Bereich ist sie etwas schneller, im Bereich von 0,2 bis 0,3 des Radius etwas langsamer als die starre Rotation.

Die Angaben für den innersten Bereich sind noch mit großen Unsicherheiten behaftet, aber es kann festgestellt werden, daß es keine dramatischen Änderungen der Winkelgeschwindigkeit in Abhängigkeit vom Sonnenradius gibt. Insbesondere kann es als sicher gelten, daß es die rasche Rotation des Sonnenkerns nicht gibt, die des öfteren in der theoretischen Diskussion war.

Das Bedeutsame am Studium der solaren Oszillation ist, daß es mit ihrer Hilfe möglich ist, Aussagen über den physikalischen Zustand der Materie im Inneren der Sonne zu erhalten. Dies mußte vor 20 Jahren noch als Vision angesehen werden. So wie die Erdbebenwellen auf unserem Planeten Erde es möglich gemacht haben, das Innere der Erde zu erforschen, so werden heute mit der Helioseismologie die Geheimnisse des Sonneninneren erforscht.

Mit der Helioseismologie und der Messung der solaren Neutrinos stehen heute zwei Methoden zur Verfügung, das Innere der Sonne zu erforschen. Das für die Sonnenphysik wichtige Ergebnis ist, daß das in Abschnitt 6.c beschriebene Standardmodell die Beobachtungen der solaren Oszillationen richtig beschreiben kann, nicht aber die verminderte Emission der Neutrinos. Würde man versuchen, das Sonnenmodell so abzuändern, daß der Neutrinofluß des Chlorexperimentes richtig beschrieben wird, dann ginge die Übereinstimmung zwischen Beobachtung und Theorie der solaren Oszillation verloren, die zulässigen Fehlergrenzen wären überschritten. Das ist der Grund, weshalb viele Sonnenphysiker vermuten, daß des Rätsels Lösung eher im Bereich der Neutrinophysik liegt. Weitere Ergebnisse der Beobachtungen solarer Oszillationen und des Neutrino-Gallium-Experimentes müssen abgewartet werden, ehe für das sogenannte Neutrinoproblem ein endgültiger Lösungsversuch formuliert werden kann.

7. Das Sonnenspektrum

Abgesehen von Experimenten im erdnahen Raum ist das Licht, oder besser die Strahlung, die einzige Informationsquelle, die dem Astronomen zur Erforschung des Geschehens im Weltraum zur Verfügung steht. Die Richtung, die Quantität und die Qualität der Strahlung sind Gegenstand der Untersuchungen.

Die Richtung, aus der die Strahlung empfangen wird, ist Grundlage jeder Positionsbestimmung und führt z. B. zur Bestimmung der Planetenbewegungen und zu Erkenntnissen über die Rotation der Milchstraße. Die Messung der Quantität der Strahlung gibt Auskunft darüber, wieviel Energie ein Objekt emittiert. Die Qualität der Strahlung, insbesondere das Spektrum, enthält die meisten Informationen über einen Stern oder die Sonne.

Mit der Analyse und dem Verständnis des vielschichtigen Inhalts eines Spektrums vor nunmehr etwa 100 Jahren gewann die Astrophysik in der Astronomie immer mehr an Bedeutung. Ohne die Anwendung astrophysikalischer Methoden gäbe es keine Erkenntnis über den Aufbau und die Entwicklung des Universums, auch keine Erkenntnis über das Geschehen auf der Sonne.

William H. Wollaston (1766–1828) war wohl der erste, der 1802 feststellte, daß das Spektrum der Sonne kein reines kontinuierliches Band ist, sondern auch dunkle Linien enthält. Diese Entdeckung resultierte aus einer technischen Verbesserung seiner Apparatur. Er machte den Spalt des Spektroskops enger und enger und erhöhte damit das spektrale Trennvermögen benachbarter Wellenlängen so sehr, daß dunkle Linien im Spektrum nachweisbar wurden.

Aber erst Joseph von Fraunhofer (1787–1826) maß 1814 diesen Linien, die er unabhängig von Wollaston mittels eines von ihm hergestellten Beugungsgitters entdeckte, eine besondere Bedeutung zu. Damit konnte er auch die ersten absoluten Wellenlängen von Spektrallinien messen. Nach ihm werden die dunklen Linien in Sternspektren Fraunhoferlinien genannt.

a) Spektralanalyse

In Heidelberg entwickelten 1859 Gustav Robert Kirchhoff (1824–1887) und Robert Wilhelm Bunsen (1811–1899) die Spektralanalyse. In Versuchen stellten sie fest, daß die Spektrallinien sowohl in Emission als auch in Absorption auftreten können. Die Linien bestimmter Elemente (z. B. Natrium) befinden sich immer an der gleichen Stelle im Spektrum; das bedeutet, daß sie immer die gleiche Wellenlänge haben. Die Grundlagen für die Theorie der Sternspektren wurden danach von Gustav Kirchhoff (1860), Max Planck (1900) und Karl Schwarzschild (1906) entwickelt.

Jeder erhitzte feste Körper sendet ein kontinuierliches Spektrum aus, ein erhitzter Draht in einer Glühlampe ebenso wie ein Stück Kohle in einem Ofen oder auf einem Grill. Mit zunehmender Temperatur wächst die Intensität der Strahlung an, und auch die Farbe verändert sich, der Strahlungsschwerpunkt verschiebt sich in die blaue Richtung des Spektrums. Gut ist dieser Farbverschiebungseffekt erkennbar, wenn sich weißgleißend strahlende Kohle abkühlt und dabei immer schwächer und röter strahlt.

Wird ein leuchtendes Gas mit einer Spektralanlage untersucht, dann findet man im Spektrum nur einzelne Spektrallinien. Jedes chemische Element, ob Natrium, Wasserstoff, Silizium oder Eisen, zeigt ein anderes, aber für sich charakteristisches Spektrum. Jedes Element hinterläßt so seinen „Fingerabdruck" und ist schon in kleinsten Spuren nachweisbar.

Der Grundversuch von Kirchhoff und Bunsen demonstriert das Wechselspiel von Emission und Absorption der Spektrallinien. Betrachtet man das Spektrum eines glühenden Gases allein, treten die Linien in Emission auf. Ein fester Körper allein dagegen emittiert ein kontinuierliches Spektrum. Befindet sich das glühende Gas zwischen dem festen Körper und dem Spektrographen, d. h. durchsetzt das Licht des festen Körpers das Gas, dann enthält das Spektrum ein Kontinuum mit den Linien in Absorption, wenn die Temperatur des festen Körpers höher ist als die des Gases. Ist dagegen die Temperatur des Gases höher, dann wird ein kontinuierliches Spektrum mit den Linien in Emission beobachtet. Absorptions- und Emissionslinien befinden sich an der gleichen Stelle im Spektrum, sie haben die gleiche Wellenlänge.

Das Sonnenspektrum entspricht im sichtbaren Spektralbereich dem ersten Fall des beschriebenen Versuches, einem Kontinuum mit Absorptionslinien. In einer groben Annäherung kann demnach gesagt werden, daß ein kühleres Gas in den äußeren Schichten das Absorptionslinienspektrum der Sonne bestimmt, während das Kontinuum in tieferen, heißeren Schichten gebildet wird.

Die Sonne selbst ist zwar kein fester Körper, aber auch Gase können ein kontinuierliches Spektrum aussenden; das hängt sowohl von der Atomstruktur des Elementes als auch von der vorherrschenden Temperatur und dem Druck ab. Für die Bildung des sichtbaren kontinuierlichen Spektrums der Sonne ist vorwiegend *eine* Atomart verantwortlich, das H^--Ion, also ein Wasserstoffatom, dem ein Elektron angelagert ist. Obwohl das H^--Ion im Verhältnis zum normalen Wasserstoffatom in der Sonnenatmosphäre sehr selten ist, so reicht sein Vorhandensein doch aus, unter den dort herrschenden physikalischen Bedingungen das Kontinuum des Sonnenspektrums entstehen zu lassen. Für den nahen violetten Spektralbereich unterhalb von 400 nm bestimmen andere Elemente, wie Magnesium, Aluminium, Silizium oder Kohlenstoff, das kontinuierliche Spektrum der Sonne.

b) Das Linienspektrum

Jedes Element sendet ein charakteristisches Linienspektrum aus. Bestimmen mehrere verschiedene Elemente die Zusammensetzung des Gases, dann treten die Linien aller dieser Elemente in dem Spektrum auf, so auch auf der Sonne. Insgesamt enthält das solare Spektrum in seinem sichtbaren Bereich etwa 20 000 Fraunhoferlinien. Aus dem Vergleich der Lage der Linien im Sonnenspektrum mit denen im physikalischen Labor kann festgestellt werden, welche Elemente in der Sonnenatmosphäre vorhanden sind. Mehr als 70 Elemente konnten so

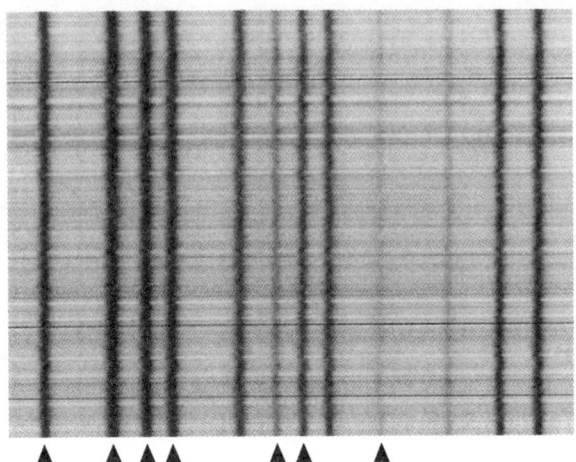

Abb. 15: Kleiner Ausschnitt aus dem Sonnenspektrum mit höchster räumlicher Auflösung, Bereich 491,0 bis 491,4 nm. Eisenlinien sind mit einem Pfeil markiert

auf der Sonne nachgewiesen werden. Abbildung 15 zeigt einen kleinen Bereich des Sonnenspektrums; die Linien, die dem Eisen zuzuordnen sind, sind mit einem Pfeil gekennzeichnet. Verschiedene Elemente können wegen ihrer speziellen Atomstruktur eine unterschiedliche Anzahl von Linien erzeugen, Eisen ist ein besonders linienreiches Element.

Das Linienspektrum der Sonne enthält jedoch sehr viel mehr Informationen. Die Stärke der Linien gibt Auskunft über die physikalische Beschaffenheit der Materie. Dabei ist die Temperatur eine entscheidende Größe, aber auch der Druck und die Anzahl der Elektronen, die sich von den Atomen abgelöst haben, bestimmen Stärke und Form der Absorptionslinien. Starke Linien bedeuten keinesfalls, daß die Atomart, die die Linien aussendet, die häufigste sein muß. Im sichtbaren Bereich des Sonnenspektrums sind Linien des Kalziums am stärksten, erheblich stärker als die Linien des Wasserstoffs, obwohl in der Häufigkeit nur 1 Kalziumatom auf etwa 1 000 000 Wasserstoffatome kommt. Die Ursache liegt darin, daß bei den solaren Temperaturen von etwa 6000 Grad die Linien der Wasserstoffatome im sichtbaren Bereich nur mit geringer Intensität auftreten können. Für das Kalzium dagegen liegen die solaren Temperaturen in einem sehr günstigen Bereich. Bei Sternen mit einer Oberflächentemperatur von etwa 10000 Grad sind die Linien des Wasserstoffs viel stärker als die des Kalziums.

Aus der Stärke der Linien kann somit neben den physikalischen Parametern die Häufigkeitsverteilung der chemischen Elemente in der Sonnenatmosphäre bestimmt werden. In Tabelle 4 sind die wichtigsten Elemente nach ihrer Häufigkeit zusammengestellt.

Das Häufigkeitsverhältnis Wasserstoff zu Helium beträgt demnach etwa 10:1, während alle anderen Elemente nicht einmal ein Promille der Wasserstoffhäufigkeit erreichen. Selbst die Summe aller Elemente außer Helium erreicht nur wenig mehr als ein Promille des Wasserstoffs. Bei den in der Tabelle angegebenen Zahlen handelt es sich um Atomzahlen, nicht um die Massenanteile der Elemente.

Tabelle 4: Häufigkeitsverteilung der chemischen Elemente im Verhältnis zum Wasserstoff (= 1000)

Wasserstoff	1000,0	Magnesium	0,038
Helium	97,7	Aluminium	0,003
Kohlenstoff	0,363	Silizium	0,035
Stickstoff	0,112	Schwefel	0,017
Sauerstoff	0,851	Argon	0,003
Neon	0,123	Kalzium	0,002
Natrium	0,002	Eisen	0,047

Die Elemente-Häufigkeiten auf der Sonne befinden sich in guter Übereinstimmung mit den Häufigkeitsanalysen von Meteoriten. Da auch die Verteilung der Häufigkeiten mit denen anderer Sterne gut übereinstimmt, kann man in gewissen Grenzen auch von einer kosmischen Häufigkeitsverteilung sprechen. Wasserstoff und Helium sind somit die überwiegenden Elemente im Kosmos, alle anderen Elemente werden oft unter dem Begriff „Metalle" zusammengefaßt. Diese „Metallhäufig-

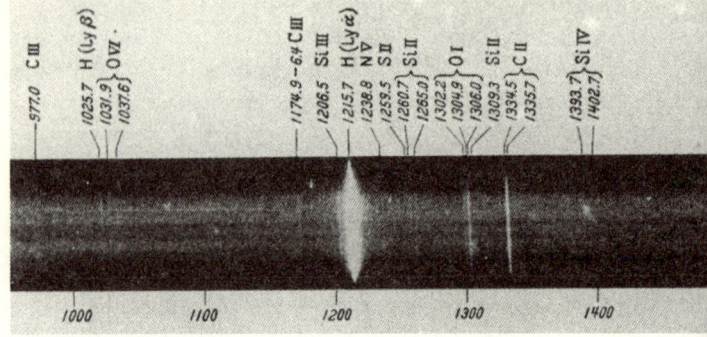

keit" kann leicht verschieden sein: Alte Sterne besitzen eine geringere, junge Sterne eine größere „Metallhäufigkeit".

Neben der Stärke der Linien gibt ihre Form, das Profil der Absorptionslinien, Auskunft über die physikalische Beschaffenheit der Sonnenatmosphäre. Die Theorie des Strahlungsaustausches in den Spektrallinien sagt z. B. aus, daß die Stellen in einem Linienprofil mit einer geringeren Intensität im allgemeinen in höheren Schichten der Atmosphäre gebildet werden. Die Kerne der Absorptionslinien entstehen danach in höheren Schichten als das Kontinuum. Die Analyse der Linienprofile erlaubt, die Höhen- oder Tiefenabhängigkeit von Temperatur, Druck und anderen Größen in der Sonnenatmosphäre zu bestimmen. Dies in einem weit größeren Höhenbereich, als es mittels der Messung der Mitte-Rand-Variation der kontinuierlichen Strahlung (siehe Kapitel 4) möglich ist.

Es ist inzwischen bekannt, daß der Energietransport in den äußeren Schichten durch Konvektion erfolgt; die granulare Struktur der Sonnenoberfläche weist deutlich darauf hin. Es ist gleichfalls bekannt, daß es der Dopplereffekt erlaubt, Bewegungsverhältnisse der Materie nachzuweisen. Steigt die Materie auf der Sonnenoberfläche auf, dann verschieben sich die Spektrallinien zu kürzeren Wellenlängen (blau), sinkt die Materie ab, gibt es eine Verschiebung zu längeren Wellenlängen (rot). Abbildung 15 zeigt, daß sich die Sonnenatmosphäre in ständiger Bewegung befindet. Im kontinuierlichen Bereich des

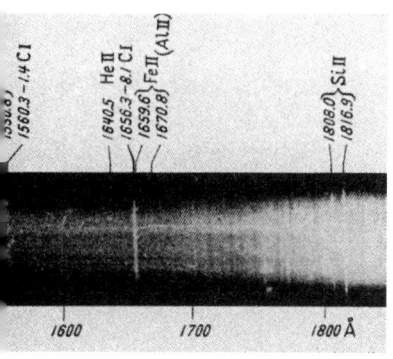

Abb. 16: Ein Teil des ultravioletten
Spektrums der Sonne

Spektrums ist die Helligkeitsfluktuation klar erkennbar, was
auch in den Abbildungen 7 und 11 zu sehen ist. Zum Verständnis ist der Hinweis wichtig, daß ein Spektrum nur *den* Teil eines Bildes enthält, der durch den Spalt des Spektrographen hin-
durchgelassen wird. Entlang einer Fraunhoferlinie erkennt
man deutlich die Zickzack-Struktur der Linie, hervorgerufen
durch Geschwindigkeitsfluktuationen der Materie. Räumlich
dicht nebeneinander, im Spektrum übereinander, weisen die Li-
nienverschiebungen auf das räumlich variable Geschwindig-
keitsverhalten in der Sonnenatmosphäre hin.

Nur unter guten Beobachtungsbedingungen ist diese Ge-
schwindigkeitsfluktuation so deutlich zu erkennen. Gleiche
Spektren sind von anderen Sternen grundsätzlich nicht zu ge-
winnen, denn ein Stern bleibt selbst im größten Fernrohr ein
Punkt, so daß alle vergleichbaren Feinstrukturen räumlich ge-
mittelt werden.

c) UV-Spektrum

Die Farbempfindlichkeit unserer Augen bringt es mit sich, daß
das Sonnenspektrum zu kürzeren Wellenlängen hin nur bis etwa 0,4 µm sichtbar ist, kürzere Wellenlängen können nur mit
anderen Empfängern nachgewiesen werden, z. B. mit fotografi-
schen Emulsionen. Bis zu etwa 0,2 µm hin bleibt das Spektrum
ein kontinuierliches mit vielen Absorptionslinien, zu noch kür-

zeren Wellenlängen hin geht es in ein reines Emissionslinienspektrum über.

Der Spektralbereich unterhalb von 0,3 µm ist von der Erdoberfläche aus nicht mehr nachweisbar, die Erdatmosphäre ist für diese Strahlung nicht mehr durchlässig. Eines der ersten Spektren, aufgenommen am 21. Februar 1955 mit einem Spektrographen in einer Raketenspitze aus 114 km Höhe, zeigt Abbildung 16. Am rechten Bildrand wird ein kontinuierliches Spektrum sichtbar, sonst ist nur ein Spektrum aus Emissionslinien zu sehen, insbesondere die Hauptlinie des Wasserstoffs bei 121,6 nm oder 0,1216 µm.

Diese Emissionslinien deuten darauf hin, daß sie aus Gebieten stammen, die heißer sind als die Photosphäre. Wie aus dem Temperaturverlauf der Tabelle 3 im Kapitel 4 hervorgeht, erreicht die Temperatur der Sonnenatmosphäre in einer Höhe von etwa 500 km ein Minimum und steigt dann nach außen wieder an. In einer Höhe von etwa 2000 km setzt ein extrem steiler Temperaturanstieg ein – bis auf mehr als 100 000 Grad. Nur die Temperatur zeigt diesen dramatischen Verlauf, Druck und Dichte fallen nach außen weiter kontinuierlich ab.

Diese Atmosphärenstruktur wurde aus dem Ultraviolettspektrum der Sonne erschlossen, denn an gleichen Stellen in der Atmosphäre treten Linien mit ganz verschiedener Temperaturempfindlichkeit auf. Dem Spektrum der Abb. 16 ist zu entnehmen, daß neben neutralem Wasserstoff (Wellenlänge 0,1216 µm und 0,1026 µm) auch Linien des dreifach ionisierten Siliziums (0,1335 µm) und des fünffach ionisierten Sauerstoffs (0,1032 und 0,1038 µm) auftreten. Haben Siliziumatome drei ihrer Elektronen verloren, sind sie dreifach ionisiert, beim fünffach ionisierten Sauerstoff haben die Sauerstoffatome fünf Elektronen verloren. Das simultane Auftreten dieser Emissionslinien ist nur möglich, wenn in dem untersuchten Gebiet ganz verschiedene Temperaturen herrschen, wenn also die Temperatur sich sehr schnell in einem kleinen Höhenbereich ändert.

Die Schicht oberhalb des Temperaturminimums, die Chromosphäre, ist eindrucksvoll bei Sonnenfinsternissen zu sehen.

Die noch höhere Schicht mit Temperaturen bis zu 2 Millionen Grad, die Korona, umgibt bei totalen Sonnenfinsternissen die abgedeckte Sonnenscheibe mit einem Strahlenkranz.

8. Sonnenflecken und Magnetfelder

Die Möglichkeit, die Sonne als makelloses kosmisches Objekt wahrzunehmen, ist selten, meist zerstören Flecken auf ihrer Oberfläche die Vorstellung einer unveränderlich absoluten Reinheit. Je länger und je genauer dieser nahe Stern der Betrachtung durch Fernrohre ausgesetzt ist, je vielfältiger wird sein Erscheinungsbild. Das Auftreten von Sonnenflecken, die Entwicklung von Fleckengruppen, ihre Häufigkeitsverteilung und deren statistisches Verhalten wurden in Kapitel 4 dargestellt. Was aber ist ein Sonnenfleck? Wodurch unterscheidet er sich von der sonst so gleichmäßigen, fast strukturlosen Sonnenoberfläche?

Es sind drei Merkmale, die einen Sonnenfleck von seiner photosphärischen Umgebung unterscheiden: erstens die geringere Temperatur, zweitens ein charakteristisches Strömungsverhalten in der Penumbra und drittens das Auftreten starker Magnetfelder. Auch in der äußeren Struktur zeigt ein voll ausgebildeter Fleck eine Dreiteilung. Den zentralen Teil des Sonnenflecks bildet die Umbra mit der geringsten Helligkeit, sie

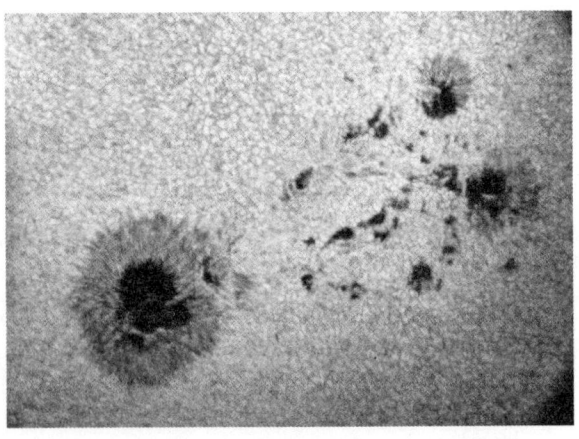

Abb. 17: Sonnenfleckengruppe mit großem Hoffleck

kann einen Durchmesser von bis zu 30 000 km erreichen. Die Penumbra, gekennzeichnet durch eine erheblich größere Intensität und mit einer auffallenden filamentären Struktur, umschließt den umbralen Fleckenkern. Des öfteren wird ein solcher Sonnenfleck von einem schwach ausgebildeten hellen Ring umschlossen.

Die Existenz eines solchen Ringes ist zwar umstritten, aber klar erkennbar sind merkliche Strukturänderungen der Granulation in der Umgebung der Flecken, die den Eindruck eines hellen Ringes hervorrufen können. In den höheren Schichten der Sonnenatmosphäre, der Chromosphäre, ist eine Superpenumbra in den meisten Fällen leicht auszumachen (siehe Abb. 23). Der Durchmesser der Penumbra kann durchaus 60 000 km erreichen, das entspricht einem fünffachen Erddurchmesser. Sonst variieren die Fleckendimensionen in weiten Grenzen. Auch ihre Struktur unterliegt einer zeitlichen Entwicklung, manchmal wird eine größere Umbra durch eine helle Brücke in zwei oder mehr kleinere Umbren geteilt.

a) Temperatur der Flecken

Das Auffälligste an den Flecken ist ihre Dunkelheit gegenüber der Umgebung. Es handelt sich dabei gewiß nicht um ein Loch in der Sonnenoberfläche, das den Blick in das kalte Sonneninnere freigibt. Ebensowenig handelt es sich um Planeten, die innerhalb der Merkurbahn vor der Sonne auftauchen. Gedanken dieser Art sind früher durchaus geäußert worden.

Sowohl bei der Umbra als auch bei der Penumbra handelt es sich um lokale Bereiche, die wegen ihrer geringeren Temperatur weniger Strahlung aussenden als die umgebende Photosphäre. Obwohl die Intensität, die ein Sonnenfleck abstrahlt, relativ leicht gemessen werden kann, ist die Temperaturbestimmung durchaus mit Schwierigkeiten verbunden.

Die Umbraintensitäten verschiedener Flecken unterscheiden sich merklich voneinander. Verschieden große Flecken, aber auch Flecken in verschiedenen Phasen ihrer Entwicklung deuten auf unterschiedliche Temperaturen hin. Hierbei spielt die

Existenz einer umbralen Feinstruktur eine bedeutende Rolle. Wegen der relativen Dunkelheit der Umbra und wegen ihrer geringen Ausdehnung sind lokale Intensitätsschwankungen oft nur schwer auszumachen. Umbren großer Sonnenflecken sind meist mit hellen Punkten durchsetzt, die aber nicht gleichmäßig über die ganze Umbra verteilt sind, sie häufen sich am Rande zwischen Umbra und Penumbra. Deshalb können diese umbralen Punkte oder Knoten nicht ohne weiteres mit der photosphärischen Granulation verglichen werden. Sie sind darüber hinaus erheblich kleiner, langlebiger, und die Intensitätsfluktuation ist deutlich größer. Wenn von umbralen Temperaturen gesprochen wird, werden diese Fluktuationen meist nicht berücksichtigt.

Aus der Intensität der Strahlung wird die Temperatur bestimmt, bei den Sonnenflecken aus dem Intensitätsverhältnis Fleck : Photosphäre. Strahlt die Umbra im grünen Spektralbereich nur 20 % der Intensität der Photosphäre ab, dann beträgt die Temperaturerniedrigung 1500 Grad, bei 10 % der Photosphärenintensität 2000 Grad und bei 5 % sogar 2300 Grad. Reduziert sich die ausgestrahlte Intensität in den Umbren von Sonnenflecken auf etwa 5–10 % der Photosphärenstrahlung, dann beträgt die Temperaturdifferenz zur umgebenden Photosphäre 2000–2300 Grad.

Neben den Schwierigkeiten der Intensitätsmessungen, die mit der umbralen Feinstruktur zusammenhängen, gibt es einen Effekt, der die Intensitätsmessungen von Sonnenflecken stark verfälschen kann: das Streulicht. Dieses Phänomen ist allgemein bekannt, der blaue Himmel an einem klaren Tag legt Zeugnis dafür ab. Ohne Erdatmosphäre wäre die Sonne von einem dunklen, schwarzen Himmel umgeben, es wären sogar die Sterne zu sehen. Aber die Sonnenstrahlung wird beim Durchdringen der Erdatmosphäre an deren Teilchen gestreut, der die Sonne umgebende Himmel wird aufgehellt. Das Himmelsblau, die blaue Färbung, ist eine Folge der Abhängigkeit des atmosphärischen Streulichtes von den Wellenlängen. Wie das Sonnenlicht die Sonnenumgebung aufhellt, so hellt es auch die dunklen Sonnenflecken auf. Darüber hinaus liefern auch optische Instrumente einen Streulichtanteil, insbesondere durch unvermeidliche Staubpartikel auf den optischen Flächen. Wie groß dieser Streulichtanteil durch die Erdatmosphäre und das Instrument sein kann, soll an einem Beispiel demonstriert werden.

Auf seinem Wege um die Sonne kann der Merkur vor die Sonnenscheibe treten. Ein solcher Merkurdurchgang dauert etwa drei Stunden und gibt die einzigartige Möglichkeit, das Streulicht zu bestimmen. Die Helligkeit des Merkur ist Null, wir sehen seine unbeleuchtete Seite. Der Durchmesser des Merkur entspricht etwa der Umbra eines größeren Sonnenflecks. Während des Merkurdurchganges am 9. Mai 1970 wurden mit dem kuppellosen Refraktor des *Kiepenheuer-Instituts* auf der Insel Capri Messungen durchgeführt. Auf der Merkurscheibe wurde eine Intensität von 5 % der Photosphärenintensität gemessen, d.h. der Streulichtanteil betrug 5 %. In einem Sonnenfleck betrug die Intensität 8 %. Dies besagt, daß die Fleckenintensität mehr Streulicht enthält, als die Eigenstrahlung von 3 % ausmacht. Fleckenintensitäten können durch Streulicht stark verfälscht sein.

Die Berücksichtigung verfälschender Einflüsse führt zu dem Ergebnis, daß die Sonnenflecken 2000–2500 Grad kälter sind als die umgebende Photosphäre, das entspricht einer Temperatur von etwa 4000 Grad. Die Temperaturerniedrigung in den Sonnenflecken wird durch starke Magnetfelder bewirkt, die den konvektiven Energietransport in den tiefen Schichten der Sonnenflecken empfindlich reduzieren.

b) Evershed-Effekt

Spektroskopische Beobachtungen von Sonnenflecken, die sich in der Nähe des Sonnenrandes befinden, zeigen bei der Lage der Spektrallinien ein charakteristisches Verhalten. Als Dopplereffekt gedeutet, weisen die Linien darauf hin, daß in der Penumbra die Materie radial nach außen strömt. Die Geschwindigkeiten, die einige Kilometer pro Sekunde betragen, wachsen vom inneren zum äußeren Penumbrarand an – nach seinem

Entdecker, der diesen Sachverhalt vor nahezu hundert Jahren zum ersten Mal beobachtet hat, Evershed-Effekt genannt. In den tiefsten Schichten sind die Geschwindigkeiten am größten, sie nehmen nach oben hin ab. In der Chromosphäre wird das umgekehrte Verhalten beobachtet, nämlich eine Einströmung.

Diese Deutung des Evershed-Effektes ist einer steten Veränderung unterworfen. Fragen, woher die Materie stammt und wohin sie strömt, sind immer wieder aufgeworfen und immer wieder nur unzureichend beantwortet worden. In der Umbra sind analoge Strömungen nicht nachweisbar, ebensowenig außerhalb der Penumbra.

Je besser die filamentäre Struktur der Penumbra mit modernen Instrumenten untersucht werden konnte, je verworrener wurde die Erklärung des Phänomens. Der Verdacht liegt nahe, daß es in den gleichen Höhenbereichen sowohl Ausströmungen als auch Einströmungen gibt. Dies hängt davon ab, welchen Beitrag die hellen und dunklen Teile der penumbralen Feinstruktur jeweils dazu liefern. Ein in sich geschlossenes Bild über das Strömungsverhalten in den Sonnenflecken gibt es noch nicht, sicher aber ist, daß das Magnetfeld in den Sonnenflecken dabei von großer Bedeutung ist.

c) Magnetfelder der Sonnenflecken

In das Jahr 1908 fällt eine der großen Entdeckungen der astronomischen Neuzeit: George Ellery Hale fand, daß Sonnenflecken der Sitz starker Magnetfelder sind. Damit wurden zum ersten Mal Magnetfelder im Kosmos nachgewiesen, die seitdem auch auf anderen Sternen und im interstellaren Raum gefunden wurden. Ihre Wirkung kann in der kosmischen Physik nicht hoch genug bewertet werden – sie ist überall gegenwärtig.

Der Nachweis von Magnetfeldern auf der Erde ist unproblematisch, im Schulexperiment richten sich Eisenfeilspäne über einem Hufeisenmagneten in Richtung der magnetischen Kraftlinien aus. Das Magnetfeld der Erde wird durch einen Kompaß wahrnehmbar, dessen Nadel die Richtung zum magnetischen

Nord- bzw. Südpol anzeigt. Lokale Mißweisungen deuten darauf hin, daß noch andere magnetische Kräfte wirksam sind. Mit den Magnetometern der Geophysiker kann an jedem Ort Stärke und Richtung des Magnetfeldes gemessen werden.

Bei kosmischen Objekten muß die magnetische Information im Licht enthalten sein. Nachweis und Messung von Stärke und Richtung gelingen mit Hilfe des Zeemaneffekts: Befindet sich eine Lichtquelle in einem Magnetfeld, dann wird eine ursprünglich einfache Spektrallinie in mehrere Komponenten aufgespalten, im einfachsten Fall in zwei oder drei. Für diesen einfachen Fall gilt: Zeigt die Richtung des Magnetfeldes auf den Beobachter zu, dann spaltet sich die ursprünglich einfache Spektrallinie in zwei Komponenten auf, symmetrisch zur ursprünglichen Linie. Wird dagegen quer zum Magnetfeld beobachtet, dann treten drei Komponenten auf, die äußeren an der gleichen Stelle wie bei der Beobachtung in Richtung des Feldes. Der Betrag der Aufspaltung ist direkt proportional zur Stärke des Magnetfeldes. Ist das Magnetfeld schwach, ist keine Aufspaltung, sondern nur eine Verbreiterung der Spektrallinie erkennbar.

Neben der Aufspaltung der Linien bewirkt das Magnetfeld einen weiteren Effekt: Das Licht der einzelnen Komponenten wird polarisiert, d.h. es erhält eine bevorzugte Schwingungsrichtung. Die Polarisation gemäß dem Zeemaneffekt gibt die Möglichkeit, die Neigung des Magnetfeldes gegen die Beobachtungsrichtung zu bestimmen. Darüber hinaus können auch Magnetfelder gemessen werden, deren Stärke nicht ausreicht, um die einzelnen Komponenten voneinander zu trennen.

Mit einer geeigneten Polarisationsoptik können Spektren von Sonnenflecken gewonnen werden, wie eines in Abbildung 18 zu sehen ist. Die beiden Teilspektren zeigen einen unterschiedlichen Polarisationszustand des Fleckenspektrums. Das obere Bild zeigt die magnetisch bedingte Linienaufspaltung auf der linken Seite der ursprünglich einfachen Linie, das untere Bild zeigt den Effekt auf der rechten Seite. Ohne Polarisationsoptik müßte man sich beide Bilder überlagert vorstellen, es würden dann drei Komponenten erkennbar sein.

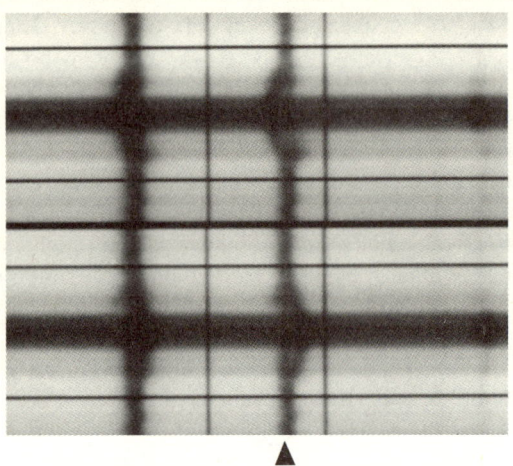

Abb. 18: Sonnenfleckenspektrum mit magnetischer Aufspaltung einer Fraunhoferlinie. Wellenlänge 630,3 nm

Die Messung der Magnetfelder in den Sonnenflecken hat ergeben, daß im allgemeinen die Feldstärke in der Fleckenmitte am größten ist, sie beträgt bei großen Flecken etwa 3000 Gauß. Bei einem mittleren Wert für das Magnetfeld der Erde von etwa 0,4 Gauß ist die Magnetfeldstärke in Sonnenflecken etwa 10000mal größer als die der Erde.

In der Mitte der Sonnenflecken tritt das Magnetfeld senkrecht zu seiner Oberfläche aus. Von der Mitte zum Fleckenrande nimmt die Feldstärke stetig ab und neigt sich immer mehr zur Oberfläche hin. Am äußeren Rande der Penumbra hat die Feldstärke nur noch einen Bruchteil des Wertes in der Fleckenmitte, die Feldlinien liegen fast schon in der Sonnenoberfläche. Dies ist eine mittlere Beschreibung der Magnetfeldstruktur in den Sonnenflecken, denn in der Penumbra sind die Neigungen in den hellen und dunklen Strukturen unterschiedlich. In der Umbra weisen die hellen und dunklen Bereiche auf schwach unterschiedliche Magnetfeldstärken hin.

Mit dem Nachweis der Existenz von Magnetfeldern in den Sonnenflecken entdeckte Hale auch die Gesetzmäßigkeiten der magnetischen Polaritäten von Sonnenfleckengruppen. Bei deutlich ausgebildeten Sonnenfleckengruppen, die in der Waldmeierschen Klassifikation (Abb. 4) mit den Buchstaben C bis G versehen sind, zeigen alle Fleckengruppen einer Hemisphäre die gleiche Polaritätsanordnung. Hat auf der Nordhalbkugel der Sonne der Gruppenteil, der im Sinne der Rotation vorangeht, die Polarität Nord, dann hat der nachfolgende Teil die Polarität Süd. Auf der solaren Südhemisphäre kehrt sich das Verhalten um, der vorangehende Fleck besitzt die Polarität Süd, der folgende die Polarität Nord. Dieses Polaritätsgesetz bleibt während eines elfjährigen Sonnenfleckenzyklus unverändert. Beim nächsten Zyklus aber kehrt sich das Verhältnis um, in allen Fällen wird aus Nord Süd und aus Süd Nord. Die magnetische Eigenschaft der Flecken bedeutet, daß ein Aktivitätszyklus nicht 11, sondern 22 Jahre dauert.

Das bipolare Verhalten ist nicht auf die Sonnenfleckengruppen C bis G beschränkt, es gilt ganz allgemein, auch wenn nur einzelne Flecken beobachtet werden können. In diesem Falle hat sich trotz des existierenden magnetischen Feldes entweder noch kein zweiter Fleck gebildet (A-Fleck), oder der zweite Teil der Gruppe ist bereits abgestorben (I-Fleck). Auf jeden Fall treten im Bereich der Sonnenflecken immer bipolare Magnetfeldkonfigurationen auf.

d) Wilsoneffekt

Der Existenz solarer Magnetfelder kommt deshalb so große Bedeutung zu, weil Magnetfelder einen Energieinhalt haben und Kräfte auf ihre Umgebung ausüben können. Die Kraftwirkung ist abhängig von der Form des Magnetfeldes und ihrer Wechselwirkung mit der Materie. Das Gleichgewicht im Innern der Sonne wird nur durch Gasdruck und Schwerkraft bestimmt. In den Sonnenflecken trägt auch das Magnetfeld dazu bei. Treten zudem nennenswerte Materieströmungen auf, dann bestimmen Gasdruck, Schwerkraft, Magnetfeld und Strömungen das Verhalten der solaren Materie. In diesem Wirkungszusammenhang, der Magnetohydrodynamik, ist die Wirkung eines Faktors oft so klein, daß er vernachlässigt werden kann;

das ist z. B. bei der Betrachtung des horizontalen Gleichgewichtes zwischen einem Sonnenfleck und seiner Umgebung der Fall.

Strömungseffekte sind bei diesen Vorgängen klein gegenüber anderen Größen. Da sich andererseits die Schwerkraft auf ein horizontales Gleichgewicht nicht auswirkt, bestimmen nur Magnetfeld und Gasdruck das horizontale Gleichgewicht. Der Gasdruck der ungestörten, unmagnetischen solaren Materie muß dem Gasdruck und dem magnetischen Druck im Sonnenfleck das Gleichgewicht halten. Der magnetische Druck in Sonnenflecken ist beträchtlich, er hat die gleiche Größenordnung wie der Gasdruck. Demnach muß – in einer horizontalen Schicht – der Gasdruck im Fleck relativ klein sein, denn Fleckengasdruck und magnetischer Druck sind im Gleichgewicht mit der Umgebung. In der gleichen horizontalen Ebene ist mit dem Gasdruck auch die Dichte im Fleck kleiner, d. h. die Materie ist durchsichtiger. Der irdische Beobachter kann also tiefer in den Fleck hineinsehen, oder, anders ausgedrückt, die Strahlung der Fleckenumbra stammt aus tieferen geometrischen Schichten als die der photosphärischen Umgebung.

Die Höhendifferenz der Strahlung, die die Erde erreicht, beträgt etwa 500 bis 1000 km, sie ist sehr klein gegenüber dem Durchmesser der Flecken, der mehrere 10 000 km betragen kann. Doch das Phänomen, als Wilsoneffekt bekannt, kann beobachtet werden. Ein in der Sonnenmitte kreisrunder Sonnenfleck nimmt in der Nähe des Sonnenrandes wegen der perspektivischen Verkürzung eine elliptische Form an. Dabei zeigt sich, daß die randnahe Penumbra stets größer ist als die mittenahe Penumbra, was als Einsenkung der Umbra gegenüber der Photosphäre zu deuten ist. Die Beobachtung stimmt mit den Überlegungen zum horizontalen Gleichgewicht der Flecken überein.

e) Magnetfelder außerhalb der Sonnenflecken

Nicht nur die Sonnenflecken sind Sitz solarer Magnetfelder; sie werden überall, jedoch in unterschiedlicher Form beobachtet. Mit speziellen Meßgeräten, welche die Polarisationseigenschaf-

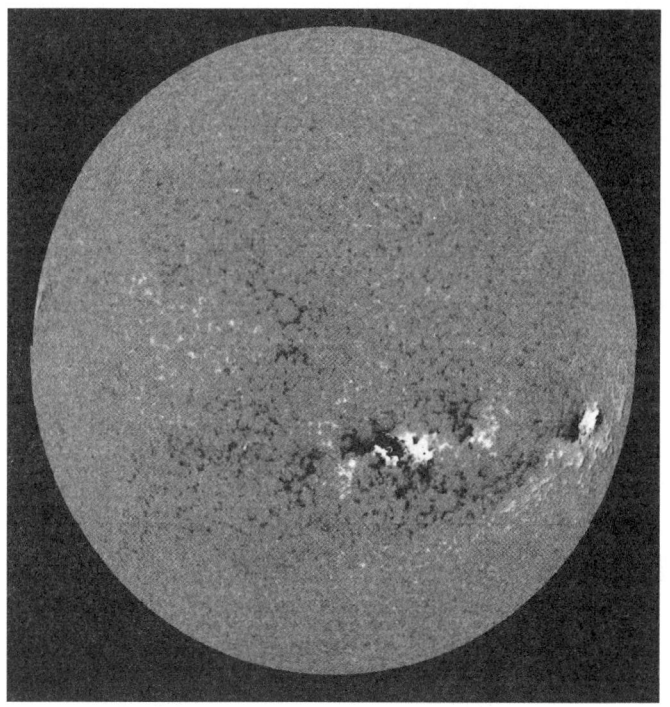

Abb. 19: Magnetogramm der ganzen Sonne

ten des Zeemaneffektes ausnutzen, ist es möglich, auch die
Magnetfelder außerhalb von Sonnenflecken nachzuweisen.
Obwohl G. H. Hale schon 1913 auf die Existenz von Magnetfeldern außerhalb der Sonnenflecken hingewiesen hat, haben
erst verbesserte Meßgeräte, die Magnetographen, deutlich erkennen lassen, wie sie auf der Sonne verteilt sind. Ein Magnetogramm der ganzen Sonne, wie es Abbildung 19 zeigt, macht
deutlich, daß die magnetischen Gebiete in der Umgebung von
Sonnenflecken, in den sogenannten aktiven Regionen, besonders stark konzentriert sind. Klar ist der bipolare Charakter
der aktiven Gebiete an den hellen und dunklen Flächen erkennbar. Außerhalb von ihnen sind die magnetisch wahrnehmbaren

Bereiche weit lockerer verteilt – es hat den Anschein, als ob sie in gewissen ringförmigen Strukturen angeordnet sind.

Die Messungen der Magnetfelder an den Polen der Sonne weisen darauf hin, daß im allgemeinen die Polaritäten am Nord- und Südpol unterschiedlich sind. Wie die Polaritäten der Magnetfelder in den Sonnenflecken, wechseln auch die der aktiven Gebiete und die an den Polen ihr Vorzeichen nach etwa elf Jahren. Der volle Zyklus der solaren Aktivität dauert demnach 22 Jahre. Der Wechsel der magnetischen Polarität an den solaren Polen erfolgt jedoch nicht zur Zeit des Sonnenfleckenminimums, sondern im Zeitraum der maximalen Sonnenaktivität.

Eine detaillierte Analyse der Struktur der Magnetfelder hat ergeben, daß die Magnetfelder außerhalb der Sonnenflecken nicht über größere Gebiete gleichmäßig mit kleiner Feldstärke verteilt sind. Vielmehr sind die Felder auf kleinste Räume konzentriert und zeigen relativ hohe Feldstärken. Ihre Umgebung ist weitgehend frei von magnetischen Feldern. Diese magnetischen Feldkonzentrationen werden Flußröhren genannt. Die Feldstärke in den Flußröhren beträgt etwa 1500 Gauß, die angenommenen Durchmesser von nur etwa 200 km liegen fast immer unterhalb des Auflösungsvermögens selbst der besten Instrumente. Das in Abb. 19 gezeigte Bild der Magnetfeldverteilung auf der Sonne wird durch die räumliche Dichte der Flußröhren bestimmt. Sie ist in den aktiven Gebieten beträchtlich größer als in den Bereichen der sogenannten ruhigen Sonne. Wegen des begrenzten Auflösungsvermögens der existierenden Meßgeräte werden meist nur Konglomerate von Flußröhren gemessen.

In den Flußröhren ist, wie bei den Sonnenflecken, die Materiedichte wegen des magnetischen Drucks wesentlich geringer als die der feldfreien Umgebung. In den tieferen Schichten einer Flußröhre sind die Temperaturen geringer als die ihrer Umgebung, in höheren Schichten dagegen höher. Ein analoger Sachverhalt ist bei den Sonnenflecken anzutreffen, wo der steile Temperaturanstieg nach oben wesentlich früher einsetzt als in der normalen Photosphäre.

9. Chromosphäre und Korona

Die frühe Erkenntnis, daß der sichtbare Rand der Sonne nicht ihre äußere Begrenzung selbst ist, war durch Größe und Bahnbewegung des Mondes um die Erde möglich. Sonnenfinsternisse haben schon vor langer Zeit deutlich gemacht, daß die normal sichtbare Sonnenscheibe von einem ausgedehnten Strahlenkranz umgeben ist. Bevor der Strahlenkranz, die Korona, bei den Finsternissen zu sehen ist, leuchtet für kurze Zeit eine Sichel in überwiegend rötlicher Farbe auf. Diese Schicht erhielt wegen ihres farbigen Aussehens die Bezeichnung Chromosphäre. Gäbe es nicht den glücklichen Umstand, daß Sonne und Mond für den Erdbewohner annähernd den gleichen Winkeldurchmesser haben, wäre die Chromosphäre wohl erst vor etwa hundert Jahren entdeckt worden, als die ersten Bilder der Sonne im monochromatischen Licht entstanden. Die Entdeckung der Korona wäre vermutlich der Radioastronomie oder der Weltraumforschung vorbehalten geblieben.

Die Beobachtung totaler Sonnenfinsternisse führte zu ersten wissenschaftlichen Erkenntnissen über Chromosphäre und Korona. Wissenschaftler haben immer wieder die Strapazen von Expeditionen auf sich genommen, um die äußeren solaren Schichten zu erforschen. Seit Mitte des vorigen Jahrhunderts gab es bei Sonnenfinsternissen nur etwas mehr als zwei Stunden Beobachtungszeit, die Korona zu erforschen; die maximal mögliche Dauer einer totalen Sonnenfinsternis beträgt wenig mehr als sieben Minuten.

a) Das Flash-Spektrum

Obwohl detaillierte Kenntnisse über die Struktur der Sonnenchromosphäre monochromatischen Bildern und der Analyse starker Fraunhoferlinien entnommen sind, enthält das bei Sonnenfinsternissen gewonnene Spektrum eine Fülle von Erkenntnissen. Da ein solches Spektrum nur für wenige Sekunden sichtbar ist, wird es Flash-Spektrum genannt. In vielen Fällen

genügen Spektrographen ohne Eintrittsspalt, denn die Sonnen-
sichel ist schmal genug, um – anstelle eines Eintrittsspaltes –
die Spektrallinien voneinander zu trennen. Im Gegensatz zum
normalen Sonnenspektrum ist das Flash-Spektrum ein Emissionslinienspektrum, enthält jedoch fast durchweg die gleichen
Spektrallinien. Die Atome, die diese Linien emittieren, werden
von den tieferen, schon vom Mond abgedeckten photosphärischen Schichten angeregt und strahlen isotrop in den Raum –
mit Spektrallinien in Emission. Die Flash-Spektren lassen auf
empirischem Wege deutlich erkennen, daß die stärkeren Linien
in den höheren solaren Schichten gebildet werden.

Im Verlauf einer Finsternis wird das Flash-Spektrum immer
linienärmer, bis das koronale Licht das chromosphärische
überstrahlt. Dieser Übergang geschieht sehr plötzlich, so daß
die Übergangsschicht Chromosphäre–Korona sehr dünn sein
muß.

Die Dicke der Chromosphäre beträgt etwa 2000 km, ist
demnach wesentlich ausgedehnter als die Photosphäre. Andererseits strahlt die gesamte Chromosphäre nur einige Promille
der Photosphärenintensität ab. Auch wenn die Emissionslinien
des Flash-Spektrums fast völlig dem Fraunhoferspektrum der
Sonnenscheibe entsprechen, so weist der geringe Unterschied
doch darauf hin, daß die Temperatur in der Chromosphäre
nach außen hin wieder ansteigt. Der allgemein sichtbare Sonnenrand ist nicht zugleich die äußere Begrenzung der Sonne,
und die Temperatur der Sonne durchschreitet dort nur ein Minimum.

Den besten Zugang zur Struktur der Chromosphäre ermögli-
chen optische Zusatzgeräte, z. B. spezielle monochromatische
Filter, die dafür sorgen, daß nur das Licht der Kerne starker
Fraunhoferlinien der Beobachtung zugänglich wird. Solche
Spezialfilter sind vor allem für die im sichtbaren Spektralbereich liegenden Linien gebaut worden, so für die stärkste Wasserstofflinie bei 656,3 nm (rot) und für eine Linie des ionisierten Kalziums bei 393,4 nm (violett). Für die beiden Linien sind
die abkürzenden Buchstaben H_α und K üblich. Entsprechende
Filtergramme zeigt Abbildung 20.

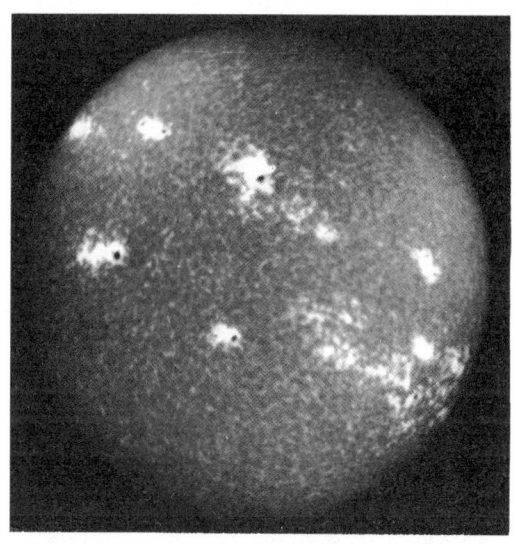

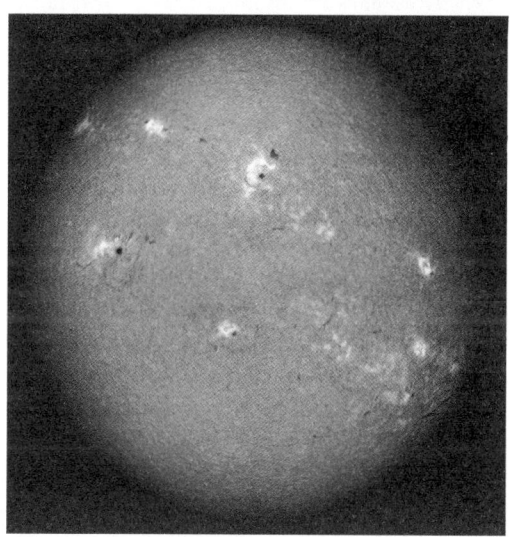

Abb. 20: Monochromatische Bilder (Filtergramme) der ganzen Sonne im Lichte der roten Wasserstofflinie H$_\alpha$ und der blauen Kalziumlinie K

b) Chromosphärische Strukturen

Vergleiche mit Bildern der normalen Sonnenoberfläche ergeben, daß die Chromosphäre anders strukturiert ist, Form und
Größe der „Elemente" unterscheiden sich in drastischer Weise.

Helligkeitsfluktuationen zeigen sich als Intensitätsänderun-
gen in den Linienkernen. Die Interpretation erfordert eine detaillierte Analyse der Konturen der Fraunhoferlinien, denn
Helligkeitsänderungen in den Filtergrammen können sowohl
durch Temperatur- als auch durch Dichteänderungen bedingt
sein, aber auch aufsteigende oder absinkende Gasvolumina
können die Ursache sein.

Von den vielen beobachteten chromosphärischen Strukturen, die sich in ihrem Aussehen merklich ändern, wenn die Beobachtungsbedingungen andere sind, sei hier das chromosphärische Netzwerk genannt. In den K-Filtergrammen setzt sich
die Umrandung aus vielen hellen „Punkten" (mottles) von etwa 1000 km Durchmesser zusammen. Die Maschenweite des
Netzwerkes selbst erreicht Größen von 20 000–40 000 km.
Dieses Netzwerk ist eng verknüpft mit der Supergranulation,
einem Strömungssystem, das besonders deutlich in höheren
photosphärischen Schichten auftritt. Die Supergranulation
zeichnet sich dadurch aus, daß in ihr überwiegend horizontale
Strömungen von etwa 0,5 km/sec auftreten, die an ihren Rändern, dem Netzwerk, in Abwärtsströmungen übergehen. Die
Struktur in den Magnetogrammen außerhalb der aktiven Gebiete (Abb. 19) stimmt mit der des Netzwerkes überein. Es gibt
einen eindeutigen Zusammenhang zwischen dem Magnetfeld
und der K-Intensität. Es ist davon auszugehen, daß an den
Rändern der Supergranulation eine Verdichtung der magnetischen Flußröhren stattfindet.

Obwohl die H_α-Filtergramme sich in ihrem Aussehen merklich von den K-Filtergrammen unterscheiden, vermitteln sie die
gleiche Information. Da die H_α- und K-Filtergramme nicht die
gleiche Höhenschicht in der Sonnenatmosphäre abbilden, sind
identische Bilder auch nicht zu erwarten. Allerdings enthalten
die in der Wasserstofflinie H_α erzeugten Bilder über das Netz-

werk hinaus viele Details, die die Inhomogenität der Chromosphäre belegen (siehe Abb. 23). Es wird deutlich, wie stark sich die solaren Oberflächenstrukturen innerhalb eines Höhenbereiches von etwa 2000 km ändern, das sind weit weniger als 1 % des Sonnenradius.

Die Inhomogenität ist auch nicht zu übersehen, wenn der Sonnenrand im Lichte der H_α-Linie betrachtet wird. Sowohl die Filtergramme als auch die Flash-Spektren zeigen einen Sonnenrand, der eher den Anschein einer brennenden Prärie als den eines glatten Sonnenrandes hat. Viele Spritzer, Spikulen, reichen weit über den „Rand" hinaus, weit in die Korona hinein. Der obere Rand der Chromosphäre oder die untere Begrenzung der Korona bilden also eine völlig deformierte Fläche.

Die chromosphärischen Feinstrukturen sind einem ständigen Wandel unterworfen. Die Lebensdauer des Netzwerkes oder der Supergranulation beträgt etwa einen Tag, kleinere Strukturen sind einem sehr viel rascheren Wechsel unterworfen.

c) Temperatur der Korona

Hat der Mond bei einer totalen Sonnenfinsternis den letzten Glanz der rosa-rot leuchtenden Chromosphäre verdeckt, leuchtet ein Strahlenkranz auf, der in seiner Pracht schon manchen Wissenschaftler so außerordentlich beeindruckt hat, daß er die vorgesehenen Experimente nicht durchgeführt hat. Viele Völker sahen darin ein Zeichen kommenden Unheils, manche den Untergang der Welt.

Da sich das Auge in den wenigen Minuten der totalen Finsternis nicht völlig der eintretenden Dunkelheit anpassen kann, wird sie stärker empfunden, als sie in Wirklichkeit ist. Die Gesamthelligkeit der leuchtenden Korona entspricht der des Vollmondes, die Dunkelheit etwa der einer klaren Vollmondnacht. Da der Streifen der totalen Finsternis auf der Erde stets weniger als 300 km breit ist, kann vom Horizont her eine gewisse Aufhellung wahrgenommen werden.

Die Ausdehnung der Korona überschreitet die Größe der Sonne bei weitem. Je nach Länge der totalen Verfinsterung

Abb. 21: Bild der Sonnenkorona mit polaren Strahlen

kann die Korona unterschiedlich weit nach außen verfolgt werden, bis sie sich im Streulicht der Erdatmosphäre verliert. Wie in einer Vollmondnacht werden helle Sterne sichtbar. Eine solche totale Sonnenfinsternis findet am Vormittag des 11. August 1999 in Süddeutschland statt, der Streifen, über 100 km breit, führt über Baden-Württemberg und Bayern; die totale Verfinsterung dauert maximal 2 Minuten und 25 Sekunden.

Die Form der Korona ist abhängig vom Aktivitätszyklus der Sonne. Während des Sonnenfleckenminimums ist die Ausdehnung am solaren Äquator wesentlich größer als in Richtung zum Pol, der dann meist ausgeprägte Polarstrahlen zeigt. Während des Fleckenmaximums ist die Korona weitgehend symmetrisch.

Nicht das ganze Licht, das die Korona aussendet, gehört zur Sonne selbst. Das Koronaspektrum verändert sich systematisch mit dem Abstand vom Sonnenrand. Im innersten Teil befinden sich Emissionslinien, die einem rein kontinuierlichen Spektrum überlagert sind. Mit zunehmendem Abstand vom Sonnenrand tritt immer stärker ein Absorptionslinienspektrum auf. Die Korona setzt sich demzufolge aus drei Komponenten zusammen:

erstens aus dem reinen Emissionslinienspektrum, L-(Linien)-Korona genannt, zweitens aus dem reinen kontinuierlichen Spektrum, der K-(Kontinuums)-Korona, und drittens aus dem Absorptionslinienspektrum, F-(Fraunhofer)-Korona genannt. In einem Abstand von etwa einem Sonnenradius sind das kontinuierliche. Spektrum und das Absorptionslinienspektrum gleich stark, weiter nach außen überwiegt immer mehr der Anteil der F-Korona.

Die L-Korona beinhaltet die Eigenstrahlung der Korona, ihr Anteil beträgt kaum mehr als 1 % der Gesamtstrahlung. Das reine kontinuierliche Spektrum der K-Korona wird durch Streuung des Sonnenlichtes an den Elektronen der Korona erzeugt, wärend die F-Korona durch Streuung an interplanetarem Staub entsteht, der den Raum zwischen den Planeten erfüllt. Nur die L- und K-Korona sind der Sonne selbst zuzuordnen. Die K-Korona kann bis etwa fünf Sonnenradien verfolgt werden, weiter von der Sonne entfernt beträgt der Anteil der F-Korona mehr als 90 %. Sowohl aus dem Emissionslinienspektrum als auch aus der Existenz und der Ausdehnung der K-Korona ist eine Temperaturbestimmung der Korona möglich.

Die Linien des Emissionsspektrums der Korona konnten lange Zeit nicht identifiziert werden, denn kein bekanntes chemisches Element hat ein solches Spektrum. So war es nicht verwunderlich, daß der Gedanke aufkam, hier handele es sich um ein bisher nicht bekanntes Element, das Koronium. Erst 1938 gelang es Walter Grotrian in Potsdam die zwei stärksten Linien zu identifizieren, die dem 9- bzw. 13fach ionisierten Eisen zugeordnet werden konnten. In der Korona sind dem Eisenatom sehr viele seiner Elektronen entrissen, eine Folge der hohen Temperaturen von 1–2 Millionen Grad. Auch die Breite der Emissionslinien weist auf eine so hohe Temperatur hin. Wenig später wurden alle Linien im sichtbaren Spektralbereich als Linien hoch ionisierter Atome identifiziert. Die Korona enthält eben doch kein neues, unbekanntes Element.

Das ultraviolette koronale Spektrum mit einigen hundert Emissionslinien, aufgenommen von Raketen in über 100 km Höhe, bestätigt dies. Es treten viele Elemente in fast allen Ionisationsstufen auf, was auf einen Anstieg der Temperatur von 4000 Grad im Temperaturminimum auf 2 000 000 Grad in der Korona schließen läßt. Aber nicht nur das Emissionslinienspektrum verweist auf diese hohen Temperaturen. Das Spektrum der K-Korona zeigt keine Linien, lediglich eine schwache Einsenkung im Bereich der stärksten Fraunhoferlinien im blauen Spektralbereich. Das ist mit der Streuung des Sonnenlichtes an den freien Elektronen der hoch ionisierten Atome zu erklären. Diese Elektronen bewegen sich mit Geschwindigkeiten von einigen 1000 Kilometern in der Sekunde, der Dopplereffekt sorgt dafür, daß alle Fraunhoferlinien verschmiert werden. Aus der schwachen Einsenkung im blauen Spektralbereich kann eine „Verschmierungsbreite" abgeleitet werden, die Temperaturen von 1–2 Millionen Grad fordert. Mit dieser hohen Temperatur wird die große Ausdehnung der Korona verständlich – die Ausdehnung von Atmosphären wächst mit zunehmender Temperatur.

d) Radio- und Röntgenkorona

Nicht nur im sichtbaren Spektralbereich und nicht nur während totaler Sonnenfinsternisse ist die Korona der Beobachtung zugänglich. Die Erfassung des Spektrums sowohl im Radio- als auch im Röntgenbereich hat die Kenntnisse über die Struktur und die Physik der Korona beträchtlich erweitert. Die in der Erdatmosphäre nicht absorbierte Radiofrequenzstrahlung im Meterwellenbereich entstammt direkt der Korona. So kann die Korona auch vor der normalen Sonnenscheibe untersucht werden. Die Strahlung größerer Wellenlängen ist höheren Schichten der Korona zuzuordnen. In jedem Falle sind „Radiosonnen" größer als die sichtbare Sonne und wachsen mit zunehmender Wellenlänge.

Von großem Nachteil ist bei der Erforschung der Korona mit den Mitteln der Radioastronomie das geringe Auflösungsvermögen der Antennen. Selbst mit einem 100-Meter-Spiegel beträgt die Auflösung bei einem Meter Wellenlänge nur etwa ½ Grad. Mit größeren Wellenlängen nimmt das Auflösungsvermögen weiter ab. Trotz dieses Nachteils haben die Messungen der Radiofrequenzstrahlung in den verschiedenen Wellenlängen in hohem Maß zum Verständnis des Aufbaus der Korona beigetragen.

Auch die solare Röntgenstrahlung entstammt der Korona. Sie ist jedoch nicht vom Erdboden aus meßbar. Röntgenteleskope in Satelliten und auf Raketen haben dazu beigetragen, die Feinstrukturen, d.h. die Temperatur- und Dichteschwankungen der koronalen Materie zu erforschen. Tausende von solaren Röntgenbildern im Wellenlängenbereich um 1 nm wurden vom *Skylab*-Satelliten in den Jahren 1973/74 aufgenommen. In letzter Zeit haben die Röntgenbilder des japanischen Satelliten *Yohkoh*, der 1991 gestartet wurde, Aufsehen in der Fachwelt erregt. Strukturen herab bis zu einer Bogensekunde wurden nicht nur erkannt, ihr zeitliches Verhalten konnte untersucht und die Dynamik der solaren Korona erforscht werden.

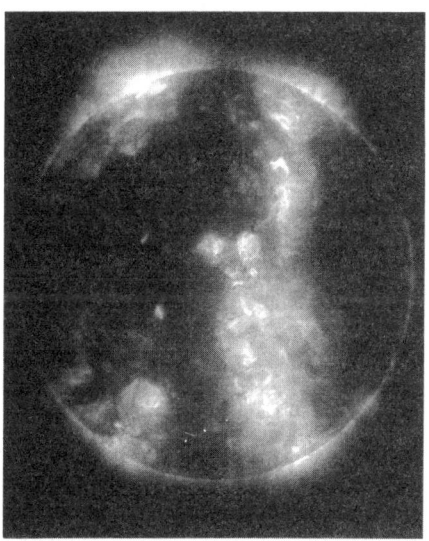

Abb. 22: Die Sonne im Röntgenlicht, Röntgenkorona

Das wichtigste Ergebnis der amerikanischen *Skylab*-Mission war die Entdeckung der koronalen Löcher. Die Röntgenkorona zeigt intensive Gebiete in Bögen oder Strahlen, die miteinander verbunden sind, und zwar mittels magnetischer Feldlinien. Andere, schwächere Gebiete, die koronalen Löcher, sind nicht miteinander verknüpft und weisen auf offene Feldlinien hin, die sich erst in sehr großen Entfernungen wieder schließen. Die intensiver emittierenden Gebiete zeigen eine höhere Temperatur an als die der koronalen Löcher. Einen großen Unterschied findet man auch in den Dichten der freien Elektronen: In den koronalen Löchern beträgt sie im Mittel nur noch 10 % der Dichte der intensiveren Röntgenkorona.

Die Informationen der Röntgensatelliten zeigen, daß alle zugänglichen Schichten der Sonnenatmosphäre – zum Teil in hohem Maße – inhomogen sind. Die Granulation der photosphärischen Schicht, die Netzwerkstruktur der Chromosphäre und die Temperatur- und Dichteschwankungen der Korona belegen dies. Wenn Ergebnisse der Sonnenphysik auf die Sternphysik übertragen werden, wo räumliche Inhomogenitäten nicht direkt nachweisbar sind, verdienen die Erkenntnisse über die Sonne Berücksichtigung.

e) Sonnenwind

Die hohe koronale Temperatur hat eine besondere Konsequenz für die Stabilität der Korona. In einem statischen Gebilde müssen sich, wie im Sonneninneren, Gasdruck und Gravitation das Gleichgewicht halten. Eine etwas genauere Betrachtung der physikalischen Verhältnisse in der Korona läßt erwarten, daß bei einem statischen Modell in unendlicher Entfernung von der Sonne ein Gasdruck vorhanden sein müßte, der erheblich größer ist als der im interstellaren Raum festgestellte. Dieser Widerspruch entsteht nicht, wenn die Korona nicht als statisch betrachtet wird, sondern wenn man annimmt, daß sie sich in permanenter Expansion befindet. Einen solchen ständigen Partikelstrom hat 1951 schon Ludwig Biermann vorgeschlagen, um die stets von der Sonne weggerichteten Gasschweife der Kometen zu erklären.

Der direkte Nachweis dieses Partikelstroms, des Sonnenwindes, gelang der Raumsonde *Mariner 2* im Jahre 1962. Genauer konnten die Raumsonden *Helios 1* und *Helios 2* den Sonnenwind im Raum zwischen der Sonne und der Erde erforschen. Die Sonden näherten sich der Sonne bis auf etwa 50 Millionen Kilometer – ein Drittel des Abstandes Erde–Sonne. In Erdnähe bewegen sich die von der Sonne ausgesandten Partikel mit Geschwindigkeiten zwischen 400 und 700 km/sec. Etwa 10 Teilchen, überwiegend Wasserstoffkerne, befinden sich in einem Kubikzentimeter; das entspricht einem Partikelstrom von etwa 400 Millionen Teilchen durch einen Quadratzentimeter pro Sekunde. Der Sonnenwind ist stark veränderlich, das interplanetare Magnetfeld in ihm wird mit etwa 0,00005 Gauß gemessen, ein Betrag, der rund 10000mal kleiner ist als das mittlere Magnetfeld der Erde.

Trotz der permanenten Partikelemission der Sonne ist der sich daraus ergebende Massenverlust gering: er ist erheblich kleiner als der, der zur Energieerzeugung durch Kernfusion im Sonneninneren auftritt. Wie weit der Sonnenwind isotrop ist, ist nahezu unbekannt, da noch keine Raumsonde Gebiete erforscht hat, die weit außerhalb der Ekliptik liegen. Hier wird sicher die Raumsonde ULYSSES in naher Zukunft aufschlußreiche Ergebnisse liefern. Sicher ist jedoch, daß durch die koronalen Löcher weit mehr Teilchen die Sonne verlassen als aus den anderen Gebieten.

f) Heizung der Korona

Eine der wichtigsten Fragen der Sonnenforschung ist die nach der Aufheizung der Korona. Warum ist die Materie außerhalb der sichtbaren Sonne so heiß, und welcher Mechanismus ist in der Lage, die Korona auf Temperaturen von mehr als eine Million Grad aufzuheizen? Die gleiche Frage gilt für die Chromosphäre: Auch sie ist heißer als die Photosphäre. Durch Strahlung können nach den Grundprinzipien der Wärmelehre die äußeren solaren Schichten nicht heißer werden als die Photosphäre.

Die Aufheizung der Korona ist nicht nur ein Energieproblem, denn die gesamte Abstrahlung von Chromosphäre und Korona, einschließlich des Sonnenwindes, beträgt nur einige tausend Watt pro Quadratmeter – etwa nur ein Zehntausendstel der Abstrahlung der gesamten Sonne; es ist auch ein Transportproblem. Die Energie kann durchaus von mechanischer Energie gedeckt werden, die in der Wasserstoffkonvektionszone erzeugt wird. Die aufsteigenden und absinkenden Materieballen können Schallwellen erzeugen, die nach außen laufen. Die so erzeugte mechanische Energie kann etwa eine Million Watt pro Quadratmeter erreichen, ein Vielfaches dessen, was Chromosphäre und Korona abstrahlen.

Bis vor wenigen Jahren war man sich ziemlich sicher, daß ein solcher Mechanismus die Quelle ist, aus der die Korona aufgeheizt wird. Laufen nämlich Schallwellen nach außen in ein dünneres Medium, dann werden die Amplituden der Wellen größer, bis sie in Stoßwellen übergehen und ihre Energie in thermischer Form an die umgebende Materie abgeben. Wegen der geringen Dichte der Korona kann die so umgewandelte Energie nicht vollständig abgestrahlt werden: Die Materie heizt sich auf.

Umfangreiche Versuche, den Mechanismus quantitativ zu beschreiben und durchzurechnen, haben bisher zu keinem befriedigenden Ergebnis geführt. Viele spezielle Detailfragen konnten geklärt werden, aber ein umfassendes Bild steht noch aus. Struktur und Energiedichte der solaren Magnetfelder müssen in das Heizungsproblem einbezogen werden, auch die Vernichtung der Felder. Einen empirischen Hinweis dafür gibt der Zusammenhang zwischen der lokal abgestrahlten Energie und der Magnetfeldkonfiguration. Die Probleme werden erforscht, aber von einer befriedigenden Lösung kann zur Zeit noch nicht gesprochen werden.

10. Sonnenaktivität

Die Häufigkeitsänderungen der Sonnenflecken (siehe Kap. 4) sind nur *ein* Aspekt einer allgemeinen variablen Sonnenaktivität. Ebenso sind die Sonnenfleckengruppen nur *eine* Komponente von räumlich begrenzten aktiven Gebieten.

In den photosphärischen Schichten bestimmen – neben den Sonnenflecken – photosphärische Fackeln und ein verändertes Verhalten der Granulation die Erscheinungsform der aktiven Gebiete. Die photosphärischen Fackeln sind besonders gut in der Nähe des Sonnenrandes zu erkennen: filamentartige Strukturen, die sich aus kleinsten, helleren Elementen zusammensetzen. Besonders stark sind diese Fackeln in der Chromosphäre ausgeprägt.

Die Granulation zeigt in den aktiven Gebieten deutlich kleinere Dimensionen, die Helligkeits- und Geschwindigkeitsfluktuationen sind merklich reduziert. Dies ist eine Folge der dort vorhandenen Magnetfelder, welche den konvektiven Energietransport erheblich verändern.

Nicht nur in den aktiven Gebieten sind photosphärische Veränderungen wahrnehmbar. So scheint die Form von Spektrallinien allgemein einer zeitlichen Variation zu unterliegen; ob sie einem elfjährigen Zyklus folgt, kann noch nicht mit Sicherheit gesagt werden. Ebenso verhält es sich mit der Temperatur. Das Temperaturminimum der Sonnenatmosphäre scheint im Sonnenfleckenminimum deutlich niedriger zu liegen als im Fleckenmaximum. Selbst die Temperatur der Sonnenflecken ändert sich mit einer Periode von 11 Jahren. Die zeitlichen Veränderungen beschränken sich nicht auf die aktiven Gebiete, vielmehr ist die ganze Sonnenoberfläche an der elfjährigen Periodizität beteiligt.

a) Fackeln, Protuberanzen, Flares

Ausgeprägter als in der Photosphäre gestalten sich die Veränderungen in den höheren Atmosphärenschichten der Sonne, der Chromosphäre. Hier sind es vor allem die helleren Gebiete, die chromosphärischen Fackeln, die in Kernen der starken Fraunhoferlinien beobachtbar sind. In Grobstruktur ist dies Abbildung 20 zu entnehmen. Deutlicher ist die strukturelle Vielfalt in der Umgebung eines Sonnenflecks in Abbildung 23 zu erkennen, ein Bild, das in der stärksten Wasserstofflinie des sichtbaren Spektralbereiches gewonnen wurde. In Einzelpunkte aufgelöste Fackeln und langgestreckte helle und dunkle filamentäre Strukturen beherrschen das Bild. Mindestens zwei Faktoren bestimmen dabei das physikalische Verhalten: Die hellen und dunklen Bereiche werden von Temperatur- und Dichteschwankungen bestimmt, für die bogenförmigen Strukturen sind Magnetfelder verantwortlich.

Aktivitätsgebiete haben eine beträchtlich längere Lebensdauer selbst als die am stärksten entwickelten Fleckengruppen. Erste helle Punkte sind schon erkennbar, ehe der erste Sonnenfleck auftaucht, und nach dem Absterben der letzten Flecken einer Gruppe sind die Helligkeitsstrukturen der aktiven Gebiete noch lange nachweisbar. Die in den aktiven Gebieten verstärkte Intensität der chromosphärischen Linien (Abb. 20 und

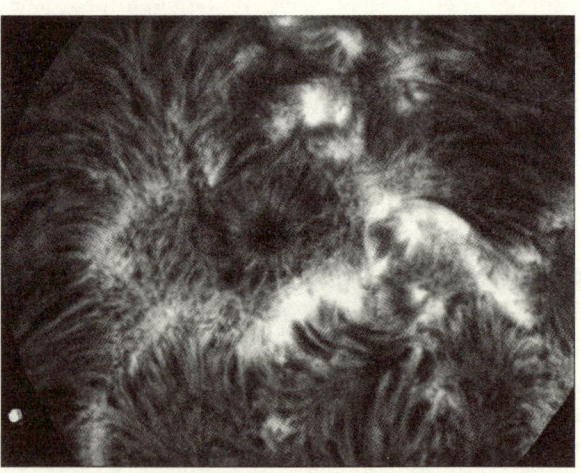

Abb. 23: Aktives Gebiet mit Sonnenfleck im Lichte von H_α

23) ist so ausgeprägt, daß man sie auch in den Spektren von Sternen nachweisen kann. Existieren nämlich Sterne mit annähernd vergleichbaren aktiven Gebieten, dann ist eine Veränderung in den chromosphärischen Linien der Sternspektren zu beobachten, obwohl ein Sternspektrum die Strahlung der gesamten Sternoberfläche enthält.

Bei einigen Sternen ist dieser Nachweis gelungen. Eine Periodizität zwischen 5 und 20 Jahren wurde festgestellt. Mit der gleichen Methode konnte auch die Rotationsdauer von langsam rotierenden Sternen bestimmt werden. Aktive Gebiete auf Sternen wurden entdeckt, Magnetfelder auf den Sternen gemessen. Bei der engen Verknüpfung zwischen Sonnenphysik und Stellarastronomie hat die Sonnenphysik hier eine Vorreiterstellung übernehmen können.

Eine besonders auffallende Erscheinung der Sonnenaktivität sind jene weit in die Höhe ragenden Gebilde, die am Sonnenrand Protuberanzen, auf der Sonnenscheibe Filamente genannt werden. Protuberanzen sind oft sehr langlebige Gebilde, oft aber auch sehr aktiv und rasch veränderlich. Viele inaktive Protuberanzen tauchen am Ostrand der Sonne auf, wandern als Filamente über die Sonnenscheibe und verschwinden nahezu unverändert am Westrand. Andere steigen, wie die Bilderfolge in Abbildung 24 zeigt, oft bis in eine Höhe von weit mehr als 100 000 km auf, verändern ihre Form total und sinken dann wieder ab. An benachbarter Stelle spielt sich nicht selten ein ähnlicher Vorgang ab. Die Form der Protuberanzen kommt durch die Magnetfeldkonfigurationen der aktiven Gebiete zustande; die Bögen demonstrieren dies deutlich. Es hat den Anschein, als falle die helle Protuberanzenmaterie an den Feldlinien entlang in die Photosphäre zurück.

Die Protuberanzenmaterie hat eine Temperatur von etwa 4000 Grad, weshalb sie auf der Sonnenscheibe als dunkles Filament erscheint. Die Temperaturangabe erfolgt mit Vorbehalt, da die einfachen physikalischen Gesetze für eine Temperaturbestimmung hier nicht anwendbar sind. Die Protuberanzen ragen weit in die Korona hinein – vergleichsweise kalte Gebiete, die in die heiße Korona eingebettet sind.

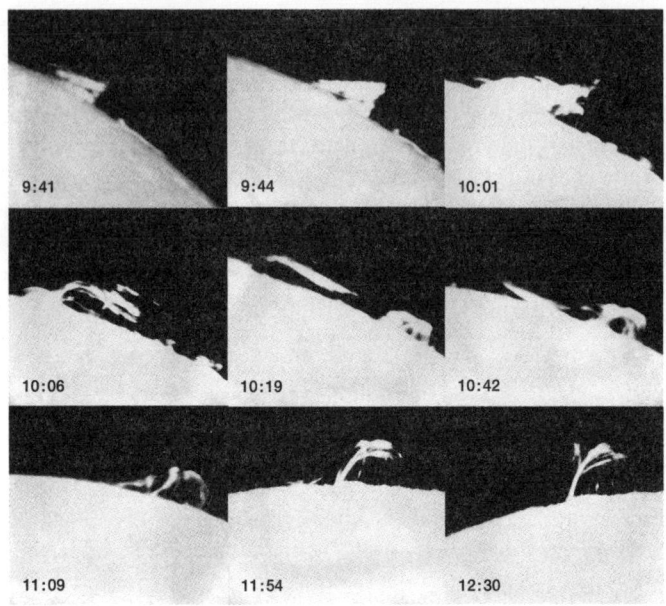

Abb. 24: Aktive Protuberanzen im Lichte von H_α

Die kürzeste Zeitskala bei den veränderlichen solaren Erscheinungen haben die Eruptionen, in der Regel Flares genannt. In aktiven Gebieten, wo die Magnetfeldkonfiguration besonders komplex ist oder wo sich das Magnetfeld örtlich rasch ändert, treten des öfteren Lichtblitze auf, die in der roten Wasserstofflinie besonders gut zu beobachten sind. Das Aufleuchten solcher Flares geschieht innerhalb einiger Minuten, meist sind die Aufhellungen schon nach 10 oder 20 Minuten verschwunden. Nur sehr intensive Flares emittieren ihre Energie länger als eine Stunde. Bei diesen großen, intensiven Flares kann von Eruptionen gesprochen werden, da bei ihnen neben starker Strahlung eine erhebliche Teilchenemission auftritt.

Die Wirkung der Flares reicht weit in die Korona, die bis zu 10 Millionen Grad aufgeheizt werden kann. Bei großen Flares tritt folgerichtig eine verstärkte Röntgenstrahlung auf. Der Hauptanteil der gesamten Energie großer Flares ist in der Teilchenemission enthalten. Von der Sonne werden große „Wolken" in den interplanetaren Raum getragen, die auch die Erde treffen können. Schnelle Teilchen erreichen die Erde schon in weniger als einer Stunde nach der Eruption, während die normale Korpuskularstrahlung eine Laufzeit von 20–30 Stunden hat.

Die emittierte Flare-Energie kann nicht aus der thermischen Energie der Chromosphäre gespeist werden; die Energiequelle ist im Magnetfeld der aktiven Gebiete zu suchen. Eine Umorientierung der Magnetfeldkonfiguration bzw. eine „Vernichtung" von Magnetfeldern kann die notwendige Energie zur Verfügung stellen. Die ungeklärte Frage ist, wie das im einzelnen geschieht.

Zur Erforschung der Physik der Flares sind in den vergangenen Jahren mehrfach Satelliten eingesetzt worden. Zwar sind im sichtbaren Spektralbereich Flares gut nachweisbar, doch für ihre Auswirkungen ist der ultraviolette Teil des Flare-Spektrums viel informationsträchtiger. Die Ultraviolettstrahlung hat ihren Ursprung in der Chromosphäre, dem Übergangsgebiet Chromosphäre–Korona und in der Korona selbst. Sie reagiert in ihrem Spektrum wesentlich empfindlicher auf lokale Störungen als das sichtbare Spektrum.

Intensiv erforscht werden die Flares auch mit Hilfe der solaren Radiostrahlung, die ihren Ursprung in der Korona hat. Die Reaktion der Korona auf das Auftreten von Flares kann heute in den verschiedenen Frequenzbereichen detailliert untersucht werden, auch wenn ein Flare nicht genau lokalisiert werden kann. Insbesondere das zeitliche Verhalten der Radioemission in verschiedenen Frequenzen hat viel zum bisherigen Verständnis der Flare-Physik beigetragen.

Eine auffallende Korrelation besteht zwischen der Sonnenfleckenrelativzahl und der solaren Radiostrahlung bei kürzeren Wellenlängen. Deshalb ist man neuerdings dazu übergegangen, neben oder statt der Relativzahl die Intensität der Radiostrahlung bei 11 cm Wellenlänge als allgemeines Maß für die Sonnenaktivität einzuführen. Dies hat den großen Vorteil der objektiven Messung und ist frei von den Witterungsbedingungen am Beobachtungsort.

b) Solar-terrestrische Beziehungen

Wenn von der Sonne ständig ein Partikelstrom in Form des Sonnenwindes ausgeht, dessen Stärke von der Existenz aktiver Gebiete abhängt, und wenn von Flares Korpuskelwolken in den Raum geschleudert werden, dann ist zu erwarten, daß all dies auch Wirkungen auf der Erde hinterläßt. Partikelemission und ultraviolette Strahlung der Sonne sorgen beide für Störungen auf der Erde, überwiegend in den höheren Atmosphärenschichten.

Rundfunkübertragung und Funkverkehr im Kurz-, Mittel- und Langwellenbereich werden ermöglicht, weil die Wellen, die von den Sendern ausgestrahlt werden, von der Ionosphäre reflektiert werden. In Schichten von über 100 km Höhe der Erdatmosphäre sind die Atome partiell ihrer Elektronen beraubt, was die Reflexion von Radiowellen möglich macht. Der Grad der Ionisation, und damit die Effektivität der Reflexion ist abhängig von der Stärke der solaren Ultraviolettstrahlung. Es gibt eine tägliche und eine jährliche Variation. Die Verbesserung des Kurzwellenempfanges in den Nachtstunden ist allgemein bekannt.

Aber auch eine direkte solare Komponente spielt eine Rolle. Das Reflexionsverhalten variiert mit dem elfjährigen Sonnenfleckenzyklus und ändert sich drastisch beim Auftreten von Flares. Die verstärkte Ultraviolettstrahlung beim Auftreten von Flares verändert den Zustand der Ionosphäre so stark, daß es zum völligen Erliegen des Kurzwellenempfanges kommt. Dieses ionosphärische Verhalten heißt nach seinen Entdeckern Mögel-Dellinger-Effekt.

Das erdmagnetische Feld unterliegt einem gleichen Einfluß. Es gibt einen engen Zusammenhang zwischen erdmagnetischen Störungen und der Sonnenfleckenrelativzahl. Besonders ausgeprägt ist dieser solar-terrestrische Einfluß beim Auftreten von Flares, doch schon das bloße Vorhandensein von aktiven Gebieten macht sich bemerkbar. Beim Eintreffen solarer Partikel-strahlung, 20–40 Stunden nach einem Flare, werden die einzel-nen Komponenten des erdmagnetischen Feldes so stark gestört, daß die Geophysiker von magnetischen Stürmen sprechen.

Polarlichter, in unseren Breiten als Nordlichter bekannt, werden durch die von der Sonne emittierten Teilchen hervorge-rufen. Die Häufigkeit der Polarlichter korreliert streng mit der Häufigkeit der Sonnenflecken. Die verstärkte Polarlichttätig-keit unmittelbar nach dem Auftreten großer Flares zeigt den engen Zusammenhang zwischen Vorgängen auf der Sonne und den Wirkungen, die sie auf die Erde ausüben. Das Wachstum von Pflanzen scheint von solaren Einflüssen nicht frei zu sein: Die Baumringe alter, großer Bäume zeigen eine Abstandsände-rung im Zyklus von elf Jahren.

Vergleichbare Zusammenhänge gibt es in großer Zahl. Trotzdem ist bei deren Deutung Vorsicht am Platze. So zeigte in der ersten Hälfte dieses Jahrhunderts der Wasserstand des Viktoriasees in Afrika eine elfjährige Periodizität, die später nicht mehr nachgewiesen werden konnte. Und was könnte das Wachstum von Kaninchen mit Sonnenflecken zu tun haben?

Sicher ist, daß der elfjährige Zyklus der Sonnenaktivität we-sentlich weiter in die Vergangenheit zurückverfolgt werden kann, als es Informationen über die Häufigkeit der Sonnenflek-ken gibt. Sicher ist außerdem, daß die höhere Erdatmosphäre durch die veränderliche Emission von Strahlung und Teilchen beeinflußt wird. Wie sich dies auf die tieferen atmosphärischen Schichten der Troposphäre auswirkt, die das Klima und das Wetter beeinflußt, ist bis heute unsicher. Eine 10- bis 12jährige Variation der Stratosphäre in 11–50 km Höhe ist offenbar nachgewiesen.

Wie nun dieser Zyklus zu erklären ist, wie die Magnetfelder entstehen, wie sie verstärkt werden und wie die Periodizität in der Aktivität zustande kommt, versucht die „Dynamo-Theo-rie" zu beschreiben, deren wichtigste Parameter das Magnet-feld, die differentielle Rotation und die turbulente Bewegung in der Konvektionszone sind. Allgemein befaßt sich die „Dynamo-Theorie" mit Magnetfeldern auf rotierenden kosmischen Systemen.

Die Theorie berücksichtigt dabei, daß die solare Materie fest mit den magnetischen Feldlinien verknüpft ist und daß die Sonne bei ihrer Entstehung aus der interstellaren Materie ein „Ur"-Magnetfeld mitbekommen hat. Der solare Dynamo läuft demnach schon seit der Entstehung der Sonne.

Kommentiertes Literaturverzeichnis

Die Reihenfolge der Titel entspricht den zum Verständnis notwendigen Vorkenntnissen.

Rudolf Kippenhahn: *Der Stern, von dem wir leben. Den Geheimnissen der Sonne auf der Spur.* Deutsche Verlags-Anstalt, Stuttgart 1990. In leicht lesbarer und allgemeinverständlicher Form werden die vielfältigen Erscheinungen der Sonne beschrieben. Besonders hervorzuheben ist die Eleganz, mit der Kippenhahn das komplexe Verhalten der solaren Magnetfelder dem Leser zugänglich macht.

Friedrich Gondolatsch, Gottfried Groschopf, Otto Zimmermann: *Astronomie I. Die Sonne und ihre Planeten.* Klett-Verlag, Stuttgart 1978. Ein Lehrbuch für Lehrer und Schüler der gymnasialen Oberstufe mit astronomischem Kursunterricht. Auf 120 Seiten werden die Grundlagen der Sonnenphysik zusammengestellt.

Albrecht Unsöld, Bodo Baschek: *Der neue Kosmos.* Springer-Verlag, Heidelberg ⁵1991. Eine Einführung in die moderne Astronomie und Astrophysik. Obwohl einige physikalische und mathematische Grundkenntnisse vorausgesetzt werden, bleibt das Buch doch in all seinen Teilen leicht verständlich. Die Sonne wird in den Gesamtkomplex der Fixsterne einbezogen.

Hans Heinrich Voigt: *Abriß der Astronomie.* BI Wissenschaftsverlag, Mannheim ⁴1988. Eine stichwortartige Zusammenstellung des Inhaltes einer zweisemestrigen Einführungsvorlesung in die Astronomie. Die Sonne nimmt hierbei eine besondere Stellung ein, sie ist der Prototyp normaler Sterne.

Harold Zirin: *Astrophysics of the Sun.* Cambridge University Press, Cambridge 1988. Dieses Buch mit sehr vielen Abbildungen beschreibt bevorzugt die Sonne vom Standpunkt eines Beobachters. Das vielfältige Erscheinungsbild der Sonnenaktivität steht im Vordergrund des Dargestellten.

Helmut Scheffler, Hans Elsässer: *Physik der Sonne und der Sterne.* BI Wissenschaftsverlag, Mannheim ²1990. Ein umfassendes Lehrbuch über das physikalische Geschehen in den Sternen und auf deren Oberflächen. Einleitend werden die astrophysikalischen Gesetzmäßigkeiten zusammengestellt, insbesondere die der Strahlung in stellarer Materie.

Michael Stix: *The Sun.* Springer-Verlag, Heidelberg 1989. Hier handelt es sich um eines der neueren Standardwerke der modernen Sonnenphysik. Der gegenwärtige Stand der Erkenntnisse wird detailliert formuliert. Grundkenntnisse in Astrophysik, Physik und Mathematik werden vorausgesetzt.

Eric R. Priest: *Solar Magnetohydrodynamics,* Reidel Publishing Company, Dordrecht 1984. Diese Monographie über ein Fundamentalgebiet der

Sonnenphysik beschreibt die Wechselwirkung der Materie mit den solaren Magnetfeldern. Die solare Aktivität läßt sich nur mittels der Magnetohydrodynamik verstehen. Mathematische und physikalische Kenntnisse müssen im verstärkten Maße bekannt sein.

Albrecht Krüger: *Introduction to Solar Radio Astronomy and Radio Physics,* Reidel Publishing Company, Dordrecht 1979. Diese Monographie gibt Auskunft über den noch jungen Zweig der Solaren Radioastronomie. Instrumente, Beobachtungsmethoden und die Phänomene werden beschrieben, ebenso die Grundlagen der Plasmaphysik und der Theorie der solaren Radiostrahlung.

Register

Quellenverzeichnis der Abbildungen

Abb. 1: Aus Herschels Originalarbeit, entnommen aus: Newcomb/Engelmann, J. Ambrosius Barth Verlag, Leipzig 1948 – Abb. 2: W. Mattig – Abb. 3: Einsteinturm Potsdam – Abb. 4: M. Waldmeier, in: Publikationen der Eidgenössischen Sternwarte Zürich, Band 9, Heft 1/1947, Foto: Niedersächsische Staats- und Universitätsbibliothek Göttingen – Abb. 5: M. Waldmeier, Eidgenössische Sternwarte Zürich – Abb. 6: E. W. Maunder, in: Monthly Notices 82, 534/1922, Foto: Deutsches Museum München – Abb. 7: W. Mattig, Kiepenheuer-Institut Freiburg – Abb. 8, 9, 10: W. Mattig – Abb. 11: C. R. de Boer, Universitätssternwarte Göttingen – Abb. 12: W. Mattig nach Zahlenangaben bei M. Stix, The Sun, Springer Verlag 1989 – Abb. 13: F. L. Deubner/R. K. Ulrich/E. J. Rhodes Jr., Astronomy and Astrophysics 72, 177/1979 – Abb. 14: Archiv Kiepenheuer-Institut Freiburg – Abb. 15: A. Nesis, Kiepenheuer-Institut Freiburg – Abb. 16: R. Tousey, U. S. Naval Research Laboratory, in: Handbuch der Physik 52, 145/1959 – Abb. 17: Kiepenheuer-Institut Freiburg – Abb. 18: W. Mattig – Abb. 19: Kitt Peak National Observatory, Tucson, Arizona – Abb. 20: Sacramento Peak Observatory, Sunspot, New Mexico – Abb. 21: Archiv Kiepenheuer-Institut Freiburg – Abb. 22: Skylab NASA – Abb. 23: Sacramento Peak Observatory, Sunspot, New Mexico – Abb. 24: W. Mattig

Bücher zur Astronomie bei C. H. Beck

Peter Janich
Euklids Erbe
Ist der Raum dreidimensional?
1989. 246 Seiten mit 36 Abbildungen. Broschiert

Uwe Schultz (Hrsg.)
Scheibe, Kugel, Schwarzes Loch
Die wissenschaftliche Eroberung des Kosmos
1990. 360 Seiten mit 63 Abbildungen. Gebunden

Friedrich Wilhelm (Hrsg.)
Der Gang der Evolution
Die Geschichte des Kosmos, der Erde und des Menschen
1987. 270 Seiten mit 85 Abbildungen. Gebunden

Ernst Zinner
Deutsche und niederländische astronomische Instrumente
des 11.–18. Jahrhunderts
2., unveränderter Nachdruck der 2., ergänzten Auflage. 1979.
X, 689 Seiten mit 182 Abbildungen, davon 13 Abbildungen im Text
und 169 Abbildungen auf 80 Tafeln. Leinen

Johannes Kepler
Gesammelte Werke
in 22 Bänden
Im Auftrag der Deutschen Forschungsgemeinschaft und der Bayeri-
schen Akademie der Wissenschaften herausgegeben von der Kepler-
Kommission der Bayerischen Akademie der Wissenschaften
Die Bände 1–11/1, 12–20/1 sind bereits erschienen,
die Bände 11/2 und 20–22 sind in Vorbereitung,
die Bände 9 und 15 sind vergriffen.
Broschiert oder in Halbpergament lieferbar

Kultur & Technik

Zeitschrift des Deutschen Museums
Herausgegeben vom Deutschen Museum
Erscheint vierteljährlich

Die Zeitschrift *Kultur & Technik* stellt Forschungsergebnisse aus Wissenschaft und Technik vor und zeigt die Zusammenhänge mit der Kultur- und Sozialgeschichte. Die Darstellung historischer Entwicklungen schärft den Blick für das moderne Selbstverständnis, wie umgekehrt neue Entwicklungen aus ihrer Geschichte heraus erschlossen werden. Die Beiträge von namhaften Autoren und Wissenschaftlern sind allgemeinverständlich geschrieben und erlauben eine Orientierung in der oft fremden Welt der Technik.

Kultur & Technik ist die Zeitschrift des Deutschen Museums. Für Mitglieder des Deutschen Museums ist der Bezug der Zeitschrift im Beitrag enthalten. Erwerb der Mitgliedschaft: Deutsches Museum, Museumsinsel 1, 80538 München.
Unabhängig von der Mitgliedschaft kann *Kultur & Technik* bezogen werden bei: Verlag C.H. Beck, Wilhelmstraße 9, 80801 München.